突破市場疆界

精準掌握行銷趨勢

如何在市場中製造話題和引領趨勢，
點亮賣點，吸引消費者目光

- 掌握成功行銷背後的原理和技巧
- 探索實用的行銷智慧
- 看透人性和情感，輕鬆理解和應對客戶
- 領悟數位時代下的挑戰和機遇
- 以創新的行銷手法擴大品牌影響力

吳文輝 著

目錄

前言

第一章
行銷，無所不在

第二章
品牌行銷，行銷策劃之首

第三章
自我行銷，所有行銷的基礎

第四章
一個好的行銷，能夠創造奇蹟

第五章
傾聽，從「我想賣」到「他想買」

第九章
行銷實戰策略

前言

行銷就像一場沒有硝煙的戰爭，激烈的市場逐鹿，無情的優勝劣汰，在各行各業的各種行銷戰場上，熊熊燃燒的戰火幾乎無處不在。每一位奮鬥且走向成功道路上的打拚者，都希望能夠盡快反敗為勝、絕處逢生。行銷有了高度才會具有勢能，為了使行銷實戰更鋒利、更有勝算、更具有執行力，就要在多層思考中建構行銷的高度，找對行銷的角度，以更睿智的行銷策略和必勝的良好心態，才能收放有力、成效卓著。就像一名經驗豐富的航海家，用系統的專業知識、豐富的經驗累積和必勝的實戰勇氣，自由自在地在商海中弄潮泛舟，迎戰行銷中的一切困難。

這本書吸收國內外最先進的行銷思想和方法，結合獨特的研究戰果，力求化繁為簡，將行銷理論糅合為更容易掌握、也更為實用的綜合性實踐指導，既有策略高度和理論深度，又具有很高的實踐參考價值。本書把各種行銷知識、技能和經驗，盡可能化繁為簡、萃取精髓，使行銷理論分析變得簡單實用便於掌握，以便盡快注入腦海，使認真研讀的人猶如醍醐灌頂一般，對各類行銷產生觸類旁通的深刻感悟。也給處在行銷亂局中獨自摸索的行銷人員，迅速撥開迷霧，快速成長為具有良好專業素養的行銷專家，從而使企業行銷有如如魚得水，直接走入成功者的行列。事實上，更多的 CEO 都是在行銷領域中提拔上來的優秀人才。

亞洲獨特的文化和複雜的市場，尤其是亞洲企業家「靈活多變」的思維方式，構築了行銷實戰的多樣性。只有透過現象看本質，才能不斷突破西方固有的行銷理論，看透勝敗之間的玄機，從而在行銷中不斷發掘致勝的奇招。本書採用的案例分析通俗易懂，對各類頂級行銷高手進行深度「掃描」，透過變化多端表象看其不變的行銷本質。本書覆蓋了中西方行銷理論與實踐的很多精華，幾乎涵蓋了行銷的每一個主題。書中的內容涉及到無處不在的行銷概念，包括品牌的行銷與策劃、自我行銷、定位受眾、行銷創意、網路行銷、行銷通路、話術技巧、行銷手法、廣積人脈和售後的跟進服務等多方面的內容。

這是一本經得起時間考驗的行銷精華之作，讀者不必花很多的時間和精力，就可以領悟到行銷的高超妙用，很適合企業的行銷主管、行銷創意人員、行銷諮商師和那些剛剛踏入行銷領域，並且有志於成功行銷的人士參考使用。所以考慮了讀者受眾的實際工作需要，本書在創作過程中，我投入了更多的心血不僅具有理論指導意義，更是企業管理者和行銷人員必讀的工具書。因為它就是一本具有很強操作性的行銷手冊，能使讀者在策略的高度上厚積薄發，把行銷實戰與行銷理論連繫起來，迅速累積深厚的理論素養，快速掌握行銷的成功祕訣。

這本書深入淺出，闡述的是最前沿的行銷策劃理念，會不斷啟發金點子一般的策劃創意靈感，具有很高的借鑑參閱價值。書中包含了行銷工作各個內容的操作方法和技巧，提供最有效的學習方法，使讀者領略行銷的實踐魅力，將頭腦中的感性認知逐步上升到理性高度，最終轉化成為自己的經驗和技巧，靈活運用在不同領域的行銷實踐中。在市場行銷的競爭時代，願這本具有全新意義的行銷知識寶典，能夠引領各界渴望成功的朋友，在各自不同的行銷領域中，不斷汲取奮發的力量，克服困難鼓足勇氣，實現心中的夢想！

第一章
行銷，無所不在

我們每個人都生活在一個行銷的世界中。行銷，不僅是一個商業概念，更是一種生活方式。無論我們有著什麼樣的身分、地位，無論我們處於什麼樣的生活和工作環境中，都需要行銷，只是行銷的產品不同而已。

行銷普遍存在於每一個人的生活中

自人類一誕生，行銷也隨之就出現了。我們在《聖經·舊約》（*The Old Testament*）的第一章中看到，夏娃說服亞當偷食了禁果，實際上這就是最簡單也是最古老的行銷模式，卻一直沿用到當今時代。不過，夏娃並不是第一個行銷人員，而是那條蛇——薩麥爾（Samael），是牠首先說服了夏娃，之後才由夏娃把禁果推銷給了亞當。簡單地講，行銷就是讓更多的人了解產品、產生購買欲望。具體地說，就是了解市場需求，抓住消費者的欲望，制定恰當的方案營造需求氛圍進行目標銷售，在推銷中提高曝光率，達到廣告效應和品牌效應。不管是高層領導者，還是基層的普通職員，就算是老實的農民，每一天都生活在到處充滿了行銷的世界中。不是被人說服購買別人的產品，就是主動說服別人來購買自己的產品。

行銷，不僅是職業概念，更是一種生活態度和方式。無論我們的身分、地位有著怎樣的不同，無論我們的生活和工作環境處在一個什麼樣的氛圍中，都離不開行銷這個概念，只是我們在行銷不同的產品而已。一位教師每天都要將自己的知識成功地傳授給學生，那麼他在自己的工作職位上，就是一位成功的行銷人員；一個經營者，如果能用自己的理念和能力，將工廠經營得井井有條，那麼他的管理就是成功的行銷；一個用熱忱、善良、誠實、正直打動朋友的人，在擔當朋友的這個角色上，就是一位成功的行銷人員，因為他行銷的產品就是他的人品。產品就是透過行銷才能展現出價值，同樣的道理，人生的價值也需要在自我行銷中展現。只有懂得恰到好處地行銷自己的人，才有可能被人發現與關注，才會有進一步推銷自己的機會，才能夠在人生的大舞臺上盡情舞蹈，締造人生的輝煌時刻。

♦歐巴馬的成功自我行銷

一個出色的政治家，也必定是一個優秀的行銷人員，他行銷的產品，就是一系列的思想方針政策和策略部署。在2008年的美國總統大選中，歐巴馬之所以能夠脫穎而出，就在於他成功的行銷——他向美國人民推銷了自己。在演講中，歐巴馬充滿自信地告訴所有的人：美國現狀要改變，美國經濟要改變，美國生活要改變，美國人的生活品質要改變。他大聲地說：「I promise you ！」「Yes，we can ！」表達了他與全美民眾同甘共苦的決心和勇氣，一下子征服了所有人的心。可以說，歐巴馬就是透過成功的自我推銷，贏得了選民的信任。他的演講成功了，意味著歐巴馬的這次自我行銷成功了，成就了他完美的人生價值。

♦喬·吉拉德（Joseph Gerard）的人生輝煌

「喬，我們沒錢了，沒有吃的了，現在該怎麼辦？」喬·吉拉德的太太傷心地問丈夫。喬·吉拉德聽後，心裡非常難過。喬·吉拉德出生在美國的一個貧苦家庭。從9歲起，他就開始出去謀生，打工賺錢補貼家用。喬·吉拉德做過擦鞋匠，做過小報童，同齡的孩子都在快樂地玩耍，但他卻不能加入，因為他還要去賺錢。生活的重擔壓在還處在學習階段的喬·吉拉德身上，16歲時，他乾脆離開學校，從做鍋爐工人開始，走入艱辛的打工歲月。幾經輾轉，他終於成為了一名建築師，家裡的生活才逐漸有了起色。直到35歲，當他的家庭、事業都很穩定的時候，不幸再次降臨到喬·吉拉德的頭上。他負債高達6萬美元，房子和車子都拿去還債了。喬·吉拉德眨眼間就一無所有，他破產了。

可是喬·吉拉德並沒有放棄。他忍住悲傷安慰太太說：「放心吧，我們會渡過難關的。」他赤手空拳，在走投無路的時候，決定躋身銷售大軍的行列，做一名汽車業務員。可當喬·吉拉德來到汽車經銷商應徵時，老闆卻並不願意僱用他這樣一個患有口吃的人。但他向老闆一再保證，只要給他一部電話和一張桌子，就不會讓任何一位跨進大門的客戶空手而歸。看他的態度這樣堅決，老闆便答應讓他試試看。喬·吉拉德馬上開始投入工作，他每天要打八九個小時的電話，雖然他口齒不俐落，但是他堅信自己一定能夠做得最棒。就這樣，經過三年的不懈努力，喬·吉拉德竟成為世界頭號的汽車業務員。喬·吉拉德在推銷汽車的 15 年中，共賣出 13,001 輛汽車，平均每天成功銷售 3 輛，不但創造了金氏世界紀錄，而且沒人能夠打破這個紀錄。喬·吉拉德的成就，當然離不開他的勤奮，但最主要的原因是他選擇了行銷作為事業。可以說，是行銷締造了喬·吉拉德人生的輝煌。

♦行銷無處不在

世上的任何一項工作都不卑微，除非以卑微的態度進行工作。很多行銷人員把「累得跟狗似的」的抱怨掛在嘴邊，總是這樣來描述自己的工作。的確，行銷工作非常辛苦，很多人都在說「我做不了行銷」、「行銷太難了，不適合我」，還有人甚至一聽到「行銷」這兩個字就頭痛。毫無疑問，這樣的人一定做不好行銷，他們不是輸在自己的能力上，而是輸在了不良的心態上。也有的行銷人員抱怨「市場環境變化太大，太不好做」、「產品不一樣，要想打進市場太難了」，甚至還說「總被拒絕太傷自尊，沒法做了」，說這些話的行銷人員必定會與成功無緣，因為任何藉口和推託，都是導致行銷不能成功的原因。

做一個成功的行銷人員，必須要有正確的行銷心態。很多人都聽說過郵差弗雷德的故事。弗雷德是美國社會底層工人中普通的一員，在美國卻是家喻戶曉，甚至被很多管理者當作榜樣，因為弗雷德對待工作永遠都有正確的心態。就像一個居民所說：「弗雷德比我自己還關心我的郵件！」這句話足以說明弗雷德是怎樣對待工作的。是的，如果你我都能以弗雷德這樣的心態做事，還有什麼工作做不好呢？

♦心態清零，工作務實

究竟是什麼在決定著一個人的成功？如果占盡天時、地利與人和，如果年輕、美麗又聰明，可是缺少正確的心態，那恐怕還是不能取得最後成功的。是的，心態決定人的行動，而行動決定著工作的成敗！要想行動，就要首先歸位，站在起跑線上，使心態歸零。「歸零心態」尤其對行銷人員非常重要。一個人不論曾經怎樣，或者取得多大的成就，或者失意落魄，這一切也只能屬於過去。一個人一時的成功與失敗，不代表永遠的輝煌或晦暗。何況在不同的行銷團隊、不同的領域裡，都有完全不同的行銷思路和方法，過去的已經永遠過去。勇敢地把杯中的剩水倒掉吧，倒空了杯子，才能裝入新鮮而純淨的水！一個人只有擺脫了成功與失敗的束縛，才能馳騁原野，贏得更加廣闊的天地。

心態清零之後，接下來就要面對實際工作。首先，要將複雜的問題簡單化，看準時機，在恰當的時間做好恰當的事情。要充分了解市場，及時掌握產品和客戶資訊，準確地劃分市場，勇敢地面對客戶，開始進行自信又熱情的推銷。行銷人員就是需要這種務實的工作精神，腳踏實地、注重細節、不怕拒絕。一個懂得務實的人，才會在行銷中贏得勝利。

行銷是一門無法忽視的必修課

隨著社會商業化程度不斷增加，行銷的觸角早已延伸到社會生活的各個角落。做業務固然需要懂得專業的行銷之道，才能獲得客戶的認同。實際上，每個人都需要掌握一定的行銷常識。也就是說，你可以不行銷，但你不能不懂行銷。如果你是上班族，卻不懂得自我行銷，又如何獲得老闆的肯定？如果醫生不善於行銷自己的專業技能，又怎麼會得到病人的信任？如果老師不懂得如何行銷自己的學識又怎麼會得到學生的愛戴呢？行銷就是根據他人、上級或團體組織的需要，來調配自己的產品或服務，再透過行銷方式提供給需要的客戶。由於不同國家的政治、經濟、文化等環境完全不同，所以行銷也應靈活多變。即使在同一個國家的不同產業、不同的企業，甚至不同的人，行銷的方式也完全不同。而行銷學，就是一門研究如何發現、創造和交付價值的學問，透過滿足市場的需求來獲取利潤。成功的行銷之道，更為企業的行銷人員所追尋。

♦學會定位，付諸實踐

要想學會行銷，首先要學會定位，這不僅是從事行銷產業的首要工作，也是每一個人都應隨時進行自我調整的辦法。定位包括行銷人員自身定位、消費族群定位、行銷方式定位以及產業特點定位等，正確的定位再加上好的行銷策略和堅定的執行力，就構成了成功行銷的堅實基礎。在實際操作中，要秉持著「複雜的東西簡單化，簡單的東西標準化，標準的東西實物化」的原則，把行銷付諸實踐。

♦付出與補償的雙贏

在現實中，人性的弱點的確很多，如嫉妒、貪婪、恐懼、懶惰、虛榮、害怕孤獨、難抵誘惑、鍾愛免費、迷信專家、崇拜名人、隨波逐流……所有這些關於人性的弱點，都正在被這個充滿行銷的社會所消費和利用。實際上，一切行銷都是弱點行銷，都是針對與生俱來的人性弱點和後天養成的世俗觀念與判斷缺陷來進行的。想想自己因為「怕」而產生的消費：怕肥胖、怕腎虛、怕晒黑、怕生病甚至怕落伍等，為了這些大掏腰包而進行的消費，想想那些搶購的打折品以及奢侈品；想想永遠都缺一件衣服的衣櫥和找不到合適鞋子的腳；想想網拍下標的商品和接不完的快遞；想想看過廣告之後買的那些東西；想想買房和投資的一樁樁往事……

哪一件不是自己的弱點、欲望、需求在被行銷中得到滿足和開發？也就是說，你在付出的同時也在得到補償，實際上，行銷就是付出與補償之間的雙贏。

♦行銷人性的弱點

斯拉沃伊·齊澤克（Slavoj Žižek）說：「我們需要知道自己想要什麼。」為什麼人們在消費之後卻常常會感到失望？欲望滿足之後，常常會感到悔恨？而弱點行銷就是在引導人始終需要、永不滿足。要想改變人性之弱點很難，所以行銷幾乎無所不在。一個人要想不成為弱點行銷的犧牲品，就必須有強大的內心和客觀的自我認知。但是真到了那個境界，你反而就能成功地藉助別人的弱點進行行銷了，無論你出售的是商品還是你的人生價值觀。

♦行銷的常識性禁忌

禁忌 1. 不要說批評性的話語

如果講話不經過大腦而脫口傷人，就會影響行銷的業績。例如，一見到客戶劈頭就說：「你家的樓梯真難爬！」「這件衣服很不適合你。」「這個茶味道怪怪的。」「你這張名片真落伍！」等。如果話語中包含批評與嫌棄，客戶會感覺很不舒服。

禁忌 2. 主觀性不要太強

所謂「在商言商」，與行銷沒有關係的話題最好不要議論，尤其是政治、宗教等主觀意識很強的敏感話題，無論是對是錯，對行銷都毫無實質意義。

禁忌 3. 盡量少用專業性術語

千萬不要把客戶當作同仁，滿口專業術語，這怎麼讓人能聽懂？更談不上購買產品了。要把術語用簡單的話表達清楚，才能有效溝通，達到銷售目的。

禁忌 4. 不要說誇大不實之詞

不要隨意誇大產品功能，不實的話就像埋下一顆「定時炸彈」，不能因為一時的銷售業績，就誇大產品的功能和價值，以免產生糾紛，造成不良後果。

禁忌 5. 禁用任何攻擊性的話語

用攻擊性的話語攻擊競爭對手，甚至有人還對他人進行人身攻擊，任何缺乏理性、過於主觀的攻擊詞句，都會造成客戶的反感，不但對銷售有害無益，甚至會影響整個產業的形象。

禁忌 6. 不要談隱私

在行銷中要掌握客戶的需求，不要張口就談隱私，就算只談自己的隱私，推心置腹地把自己的婚姻、生活、財務情況和盤托出，對行銷並不能產生實質性的進展。這種「八卦式」的談話方式不僅毫無意義、浪費時間，更浪費商機。

禁忌 7. 避開質疑性話題

即使擔心別人聽不懂你所說的話題，也不要質疑對方「你懂嗎」，「明白我的意思嗎」，「這麼簡單的問題，你不了解嗎」，以這種口吻質疑別人是非常令人反感的，如果客戶認為得不到起碼的尊重，就會產生反抗心理。

禁忌 8. 變通枯燥話題

枯燥的專業話題人人都不愛聽，但是出於業務需要又必須講，可以將這類話語講得簡單一些，讓人聽了不會產生倦意。如果有些重要話題不得不講，也不要硬塞給別人，可以嘗試換一種輕鬆愉快的角度談及。

禁忌 9. 迴避不雅之言

每個人都喜歡與有涵養、有層次的人交往，不願與「粗」口成章的人在一起。不雅之言也會給行銷帶來很大的負面影響。尤其推銷壽險的業務員，更要迴避「沒命了」、「完蛋了」等，應以委婉的話表達敏感的詞，如「乘鶴而去」、「不再回來」等。

行銷的範疇

行銷有三個條件，一是產品或服務，二是行銷市場，三是行銷活動。所謂行銷，就是以市場需求為中心，圍繞自己的產品或服務展開各種行銷活動。行銷也是一種組織職能，是組織者為了自身及相關者的利益，而在一定的市場範疇中，進行產品創造與製作、傳播傳遞與交換兌換的活動全程。

所謂的「活動行銷」，就是圍繞著產品促銷，而展開傳播訴求及溝通互動等各種行銷活動。就是主辦單位有明確的訴求，並以活動為核心載體，經過充分的市場研究、創意策劃、溝通執行等流程，整合相關社會資源、媒體資源、受眾資源、贊助商資源等建構的全方位的平臺，包括內容平臺、行銷平臺、傳播平臺。透過舉辦各種活動，最終可為主辦單位及活動參與者帶來一定的社會效益和經濟效益，並能獲得品牌的提升和銷量的增長。

行銷離不開市場，市場行銷的概念，則是由 AMA（美國市場行銷協會，American Marketing Association）修訂而引起普遍重視的：計劃和執行關於商品、服務和創意的觀念、定價、促銷和分銷，以創造符合個人和組織目標的一種交換過程。一般來說，市場活動行銷的範疇大致可分為以下幾類。

♦網路行銷

網路行銷是在1990年代產生的，一直發展到現在。網路行銷指的是在媒體推廣後期，以網際網路為傳播介質所產生的交易行為。網路行銷就是利用不同的通路，建立縱橫交織的強大的載體資訊覆蓋。而這些覆蓋，是根據企業客戶的需求和發展策略，有針對性地在隨時進行著調整。透過這些傳播，再加上電話、郵件、即時通訊等軟體的溝通，最後透過線上支付來實現交易。這個過程交錯結織的網路形成的交易行為，就是真正的網路行銷。所以說，網路行銷是以傳播網路為基礎平臺而達成的交易。

♦企業的活動行銷

企業的活動行銷是企業圍繞活動而開展的行銷。企業以活動行銷為載體，以產品促銷、提升品牌、增加利潤為目的，策劃實施各種行銷方案和行銷模式。企業活動行銷的形式，一般有產品推介會、品牌釋出會、街頭宣傳、促銷活動、贊助各類賽事、開設論壇、開展系列主題活動等。企業藉助活動行銷，可以進一步提升媒體的關注，增加消費者的體驗與溝通。在不同的行銷中，企業對行銷活動的介入程度也是不相同的。有的是透過贊助活動，向市場推廣產品和服務；有的是透過與政府合辦活動，以獲取政府資源與扶持；有的則是企業本身，為其量身定做各種專門的活動，釋出新的品牌，強化公司形象，增加銷售；那些國際奢侈品要打入新市場，也紛紛採用各種活動行銷的形式走入市場。

◆媒體的活動行銷

媒體活動主要由媒體進行策劃來豐富和完善媒體內容。由於媒體資源越來越過剩，媒體也越來越習慣於依靠各種活動來吸引觀眾和商家的注意。如「超級星光大道」，就是非常成功的媒體活動，吸引平面媒體、網路媒體等全方位高度關注的社會文化事件，創造了非凡的價值和經濟效益。同樣，一些體育頻道獨家買斷了對世界盃賽事的轉播，使體育頻道的時段收視率迅速飆升，廣告收入達到平常的數倍之多。

◆城市的活動行銷

活動行銷也是城市行銷經常採用的有效方式。各大城市通常會有計畫、有目的地策劃申辦各種大型節會、賽事和論壇，開展多種形式的活動，並圍繞著活動的內容進行策劃，挖掘城市文化，對城市的基礎設施、公共場所進行改造，對城市的環境進一步優化，宣傳推廣城市形象與品牌特產，促進城市的經濟發展和品牌價值的提升。如在某城市舉辦「世界小姐」總決選，吸引大量海外遊客，提升了該城市的國際影響力。再如藉助奧運賽事，對城市基礎設施進行全面的改造，對城市環境進行統一治理，使城市的面貌煥然一新。

♦非營利組織的活動行銷

非營利性組織大多屬於公益性質，主要是依靠企業或民眾的捐助來執行。而所謂的捐助，一般主要是出於善行善舉、道德驅動的援助行為，捐助者基本上不考慮經濟上的回報，而是根據自己的能力和意願自由捐助。實際上這種非營利性的活動行銷，是能夠加強道德驅動的利益回報。由於藉助活動而整合社會資源、媒體資源乃至明星資源，透過這類活動行銷的影響力，不僅能夠加大對自身的宣傳，也可以透過活動平臺回報贊助企業，進一步提升贊助企業和品牌的知名度、美譽度，實現多方共贏。如香港世界宣明會曾在 2011 年於香港仔運動場舉行盛大的「饑饉三十」大型募款活動，活動吸引了幾千名營友，與「饑饉之星」何韻詩、方大同、吳雨霏等明星共同身體力行忍受飢餓 30 個小時，切身感受飢民的痛苦。眾多明星的參與吸引了大量的媒體，使「饑饉三十」活動充滿了感召力，讓更多的人了解宣明會這個組織，其倡導的理念也因此更加深入人心。

關於「市場活動行銷」的定義，不同的人有不同的解釋，但整體意思就是在共同的利益中，透過相互交換產品、服務、創意和價值，以滿足需求和欲望的一種社會管理過程。市場行銷活動是一項有組織的活動，是將創造的「價值」在溝通中輸送給客戶，並維繫與客戶的關係，使公司及其相關者受益的過程。

追求利潤最大化：行銷的終極目標

企業行銷的目的就是開發市場、占有市場，幫助企業實現利潤最大化。那麼行銷的使命究竟是什麼呢？經典的理論認為，行銷就是創造並累積價值，核心就是價值累積。換句淺白的話說，行銷就是賺錢，也就是追求利潤的最大化。「利潤」，也稱作「盈利」、「淨收入」。追求利潤最大化，並不是簡單地使公司的收益最大化或成本最小化，因為如果生產銷售得太多，也可能會犧牲企業的利潤。同樣，假如節省成本對企業的收益弊多利少，那麼成本最小化就可能會降低企業利潤。也就是說，追求利潤的最大化，是指使企業行銷的收益和成本之「差」最大化，而不是片面的收益最大化和成本最小化。或者可以說，無論企業在行銷中用的是什麼方式，只要能夠長久以往地賺到錢，而不是短期行為，實際上就是在奠定實現行銷利潤最大化的基礎。

♦企業行銷的目標是追求利潤

要想實現最大的利潤，就要為團隊塑造共同的夢想。所有高瞻遠矚、長期發展的企業都有這樣一種共性，就是在追求夢想中凝聚團隊的力量，從而實現最大的利潤，這也是企業行銷的本質所在。創辦企業的本質就是為了滿足客戶的需求，使企業利潤最大化，從而實現創辦者的夢想。

美國一家造船、碼頭公司的創辦人亨廷頓（Collis Huntington）這樣說：「我們要造出好船。如果可能的話，賺點錢；如果必要的話，賠點錢。但永遠要造好船。」這句話被銘刻在公司最顯眼的地方，成為企業文化和員工的信仰。追求夢想，凝聚團隊力量，實現最大的利潤，恰恰是企業行銷所要達到的最終目的。

♦凝聚團隊力量，追求共同夢想

如果能明確認清企業行銷的本質，懂得如何滿足客戶的最大需求，就一定能夠實現巨大的利潤。這就要求企業行銷的決策者，能夠很好地把企業的夢想與更多消費者的需求完美地結合在一起。領導者在企業行銷中，如果能夠旗幟鮮明地闡述共同追求的夢想，就能凝聚團隊整體的力量，同舟共濟開創輝煌業績，最終美夢成真。

♦滿足客戶需求，實現利潤最大化

企業要想保持長久、良好的行銷，就必須緊緊抓住創造利潤的核心大事。利潤是企業行銷的命脈，任何行銷都要圍繞著企業的利潤而努力。不管企業有多麼偉大的理想和信仰，利潤都是企業行銷得以持續發展的根本。很多公司為什麼未成氣候？就是因為在初期追求快速成長而高歌猛進，當行銷達到一定規模時，才發覺收穫不到應有的利潤，缺乏持續的競爭力。

美國有一家默克公司（Merck & Co., Inc.），曾在第二次世界大戰後，為了消滅危害日本的肺結核，將鏈黴素零利潤引進了日本。這家公司並沒有因此賺到一分錢，因為默克公司認為這與賺錢的目的並不衝突：「我們始終不忘藥品的要旨在於救人，不在於求利。但是，當我們滿足了客戶的需求後，利潤會隨之而來。如果我們記住這一點，絕對不會沒有利潤；我們記得越清楚，利潤就越大。」事實也正是如此，默克公司如今已經成為美國在日本最大的製藥公司。默克公司成功的行銷舉措，很好地詮釋了企業行銷的本質。

案例：可口可樂，跨界合作的行銷經典

傳統媒介對年輕人的吸引力越來越小，正在呈現逐年下降的趨勢。可口可樂公司透過對年輕人的長久研究發現，網際網路尤其是大型的虛擬網路遊戲，是如今對年輕人最具有吸引力的一種媒介。有關的研究數據表明，目前全球的網路使用者非常普及，絕大部分都是寬頻上網，而這個數字每天都在迅速地增加，其中絕大部分為年輕人。由於年輕人對網路的重視程度和依賴性都在攀升，所以可口可樂公司決定，啟動新的網路科技平臺，加強可口可樂與年輕人之間的連繫。2005 年，可口可樂飲料有限公司與網路遊戲營運商，正式建立了策略合作夥伴關係，在市場、品牌等經濟領域，展開全方位的合作共贏。於是在那個夏天，可口可樂的飲料瓶上，打上了魔獸世界的卡通動物形象。可口可樂公司則借「魔獸世界」大型遊戲，深入年輕族群中。為此，可口可樂公司投資新台幣 5 億元，攜手遊戲營運商，異業合作。

♦看準魔獸世界的潛在市場

全球最著名的遊戲開發公司——暴雪娛樂（Blizzard Entertainment Inc）開發製作的遊戲精品《魔獸世界》，開創了世界網路遊戲的新時代，就算用「萬眾期待」來形容，也絲毫不顯得過分。暴雪娛樂先後製作了星際爭霸、暗黑破壞神系列、魔獸爭霸系列等多項頂級遊戲，在電腦遊戲史上接二連三締造網路遊戲奇蹟。而《魔獸世界》（*World of Warcraft*）這款遊戲，也正是基於風靡全球的魔獸爭霸系列這一歷史背景，採用了既明快又浪漫的卡通風格，構築一個無比壯麗迷人的動態虛擬天地，一下子就成為可以多人線上、同時進入角色扮演遊戲「MMORPG」的大型扛鼎之作。作為網路遊戲的領袖群倫之作，《魔獸世界》無論外在畫面還是內在體驗，幾乎做到了對網路遊戲的完美詮釋。

正因為如此，可口可樂決定充分利用網路這個深受年輕人喜愛的平臺，與年輕的消費族群進行溝通互動，透過建立網路科技平臺，建立一個完全屬於年輕人的可口可樂線上區域，意在遊戲中與年輕的消費者之間保持密切的連繫，達到加強和深化可口可樂這一品牌的傳播目的。可口可樂能夠看準市場，抓住大好的時機——當時的魔獸世界，在亞洲地區正處於進行內測的階段，所以在接下來開始的大規模市場推廣活動中，必然會得到最好的收益。

可口可樂公司在2005年夏季在亞洲推出了市場推廣活動，同時，還在網咖通路建立和推廣一系列「生動化的陳列活動」，以「iCoke」為主題，利用各自的通路資源和網路優勢，進行品牌的口碑宣傳。為了加強與青少年消費者的互動，可口可樂圍繞夏季的主題促銷，推出了一系列倡導青少年參與公益的活動，旨在提醒他們在網路中要崇尚健康娛樂遊戲。可口可樂與《魔獸世界》之間的合作，被公認為是異業合作行銷中的一個經典案例，從2005年的第二季度開始，一共向市場投入上億元的行銷費用，而雙方的品牌、產品銷售等在這次合作中都得到顯著的提高。

◆與 FreeStyle 聯手合作

在與《魔獸爭霸》網路合作的促銷活動中，可口可樂公司的確嘗到了甜頭。所以可口可樂公司經過市場調查評估後，又一次宣布與另一款線上遊戲營運商建立合作關係，可口可樂公司利用線上籃球遊戲——《FreeStyle》這個平臺，進行互動行銷活動。這一次，可口可樂再一次打出了「網路行銷」的王牌。

與遊戲營運商聯手，可口可樂就可以將品牌的促銷活動，透過《FreeStyle》這個遊戲平臺，在各地全面鋪開，可口可樂製作的廣告也將在虛擬的遊戲中大量出現，所有遊戲玩家都可以透過活動網站獲得可口可樂虛擬道具。為什麼可口可樂又一次選擇了與網路遊戲合作？因為《FreeStyle》的玩家與魔獸世界一樣，聚集了眾多十幾歲的年輕人，而這些人正是可口可樂的目標消費族群。

可口可樂與遊戲營運商達成協定，稱只要《FreeStyle》能讓同時線上的人數達到 30 萬，那麼可口可樂就會每月向這款遊戲投入 150 萬美元。《FreeStyle》當時已擁有 2,000 萬註冊數，的確創造了同時線上人數達到 30 萬的紀錄。隨著遊戲的正式開放，這一數字也會不斷上升，而這種促銷方式僅僅是可口可樂行銷的整體布局中的一小部分。因為可口可樂希望藉此促銷活動，來加強網路平臺在青少年消費族群中的影響力。《FreeStyle》中的虛擬道具，除透過正常的購買方式獲得，也可以透過購買可口可樂和登入網站獲得，這對遊戲玩家來說，無疑有著非常大的吸引力。活動網站是可口可樂公司重點推廣的一個網路平臺，他們與《魔獸爭霸》的合作，也是經由這個平臺展開的。

♦試水溫線上遊戲營利的新模式

在魔獸世界與可口可樂異業攜手合作、互惠雙贏的影響下，眾多的傳統消費品廠商也都開始關注這種在網路遊戲中進行廣告投放的行銷模式。而且也有不少品牌在《Free-

Style》中投放了廣告，其中不乏 Nike、adidas、Converse 等知名的運動品牌。因此遊戲營運商也以更大的力度挖掘這個廣告資源，不時推出類似《魔獸世界》和《FreeStyle》等各款遊戲，隨著電腦的迅速普及，透過廣告獲得的收入比例也必將會有所提高。

對於線上遊戲業而言，《FreeStyle》的盈利模式是否能夠取得成功？很多人都非常期待，都想看一看結果是怎樣的。因為在《FreeStyle》的盈利中，來自於傳統的消費品廠商的廣告收入，將占其中的 25%。而遊戲營運商也是在藉助與可口可樂合作的這款遊戲，來嘗試一下新的盈利模式。《FreeStyle》的盈利分為兩部分，其中的 75% 是來自於玩家購買虛擬道具，剩下的則是來自廣告的收入。當然，如果一半收入是來源於廣告，就是比較理想的狀態。

由於線上遊戲能快速地聚集大量年輕的消費族群，使合作的企業收益顯著。所以必然會受到傳統的消費品廠商的進一步青睞，但是不少消費品牌還在猶豫觀望。因為與《魔獸世界》不同的是，《FreeStyle》是一款完全免費的線上遊戲，徹底改變了傳統遊戲業的那種靠銷售點數卡來盈利的行銷方式。而且，對廣告投放線上遊戲的效果和回報，如何進行評判，在一段時間內還很難形成一定的準則。

第二章
品牌行銷，行銷策劃之首

最具王者氣象的行銷之術不是建立龐大的行銷網路，而是利用品牌符號，把無形的行銷網路鋪建到客戶和消費者心裡，使其選擇消費時認準這個品牌，這就是品牌行銷。

好的行銷賣品牌，普通的行銷賣產品

亞洲的市場經濟在飛速發展，已由商品時代的產品競爭，轉向品牌時代的品牌競爭。消費者也隨之從商品消費，漸漸進入品牌消費。在品牌時代，誰的品牌能為更多的消費族群所公認，誰就擁有了強勢品牌，誰就不會在「大浪淘沙」的市場競爭中被淘汰。良好的品牌能夠大大提升企業形象，提高市場的占有率和盈利能力。

◆購買品牌物有所值

企業生產出來的是最初的產品，要想形成品牌，就要依靠一種情感互動才能長期塑造。產品的生產必須有生產成本，這誰都明白。可是，把產品塑造成品牌也同樣是需要成本的，這點很多人就不太明白，甚至很多企業也很少對這一問題進行深入思考。廣告效應可以直接使人產生購買欲望，從而促進消費而產生利潤價值。很多人卻忽視了這種利益來源是由品牌效應直接產生的客觀事實。有些觀念不清的行銷人員，就把塑造品牌、做廣告的這部分行銷費用，完全算在了產品的成本裡面。很多消費者也會被這種觀念誤導，認為那些天天做廣告的產品之所以價格高，就是把廣告費加在了商品的價格裡。而事實上，一個好的品牌，也必然會投入更多資金來完善產品品質和服務品質，才能夠長期維護好這個品牌的消費族群。消費者購買的不僅是品牌本身，同時還購買了這一品牌對客戶的良好服務。而這種服務，使消費者自身的欲望價值得到了滿足，所以購買品牌雖然可能要多掏一些錢，也是物有所值的。

在品牌價值中，包含著一種美好的心靈感受，消費者享受的是一種無形的利益。如旅遊觀光，雖然只是用肉眼在風景區看了看，每個觀光者卻都要自掏腰包付費的，這種消費同樣也是無形的利益，消費者購買的就是這樣一種無形的心靈感受。把這兩者放在一起相互比較，就會更容易理解「品牌價值」這個概念了，其實道理是一樣的。但消費者卻總是很容易接受享受旅遊觀光的消費，卻很難接受所享受的品牌價值的消費。這是因為企業之間不正當的競爭誤導人們，使很多人都在擔心，行銷人員是不是在欺騙消費者。實際上，人們在消費某種品牌的時候，必然需要納入情感價值，而這種情感價值是離不開資金投入的，同樣是有成本在裡面的。

如企業某種產品的價值是 1,000 元，經過了一段時間的品牌塑造，這種品牌本身的效應價值提升了 500 元，那麼這種品牌的產品就應該賣 1,500 元。可是忽然有競爭對手公布說，這種品牌產品的生產成本只有800元，我們只賣1,000元，而某品牌卻賣1,500元，所以他們是在賺消費者的黑心錢。這種公布「價格白皮書」的做法，的確會在短時間內打擊對手。但是這種做法，實際上把他自己產品的品牌升值空間也給打沒了，因為他所公布的「價格」只告訴了消費者產品的生產成本，卻並沒有告訴消費者這種產品的品牌的成本是多少。也就是說，一種產品的生產成本，與這種產品的品牌成本是不一樣的。而這種「價格白皮書」，其實是放棄了產品的品牌價值。消費者並不了解這種因素，就把那些做了多年品牌的企業，一下子拉回到產品最初的起跑線上。

♦讓消費者愛不釋手的品牌魅力

一家企業在行銷中，如果要真的放棄品牌價值，就會把生產的所有產品都定位在最低消費者客群的層面上，只靠壓低價格和大量的生產來賺取微薄的利潤，而不是依靠情感的價值引起消費的興趣。但在已經放棄了品牌價值之後，想再做起品牌，提升自己的產品，甚至想走入高階品牌行列，那就很難了。如果產品不能啟發消費者的欲望需求，僅僅是引導消費者的利益需求，即使這種產品也可以勉強叫做「品牌」，那也只能是低階品牌，只能在低階的消費族群中產生需求。為什麼那些效益最好的企業，幾乎全都在行銷各種品牌？而那些不做品牌行銷的企業，儘管付出的勞動並不少，可是效益卻總是不好呢？

對一家成功的企業來說，既要擁有好的產品，也要擁有富於情感、聯想深邃的品牌，也就是產品的效用與品牌效用要全面統一，才是最完美的。在產品嚴重同質化的時代，一種產品想要打動消費者，實現購買，就必須有一個生動的理由，否則就會很難。所以企業想要保持自己的競爭優勢，就需要從多方面為自己的產品營造吸引消費者的「魅力」。人有魅力，就會顧盼生姿，成為人見人愛的「萬人迷」。風景有魅力，就會讓遊客流連忘返。產品有魅力，就會讓消費者愛不釋手。同樣，品牌有了魅力，就會價值倍增，讓消費者不計代價。一個企業只有為自己的產品注入這種「魅力」因素，才能真正打動消費者的心。只有不斷改進產品、提高服務品質，在此基礎上還要豐富產品的情感人文價值，才能在激烈的品牌競爭中獲得足夠的競爭力而立於不敗之地。

♦一流的行銷賣品牌，二流行銷賣產品

有些企業在行銷中信奉產品至上，認為只要有了好產品，就不怕沒人買，對塑造品牌的重要性始終認知不夠。在行銷中，如果產品的設計製造者只關注產品的技術、效能和品質，而忽略了消費者的需求，又如何打動消費者的芳心，

留下難以忘懷的印象呢？還有的企業認為做品牌華而不實，而且形成品牌收益的時間也太長，不像生產的產品，功效明顯、很快就能看得見；也有企業覺得品牌就是知名度，忽視了對品牌信譽、忠誠度的建設和培養，並沒有完成品牌價值和品牌精神的塑造，也就不能形成品牌資產的基業。相反，有些人則走向另一個極端，堅持品牌至上的觀念，認為只要有高知名度的品牌，就可以無敵於市場而高枕無憂。這種看似一整套天衣無縫的品牌理論，實際上已經脫離了產品本身，過分誇大了品牌的力量，成了無根之木。如果行銷人員忽視與客戶維護長久的互動關係，就更加容易讓人產生懸在空中的感覺。所以企業必須明確的是新產品研發的方向，也就是產品是否融入了消費者的體驗？是否加入情感互動因素？能否製造出讓消費者產生依賴、愛不釋手的魅力品牌？

要想做品牌，首先要從做好產品開始。在行銷活動中，企業重視的無論是品牌還是產品，首先都要把產品本身經營好。一個產品所具有的功能，就是要解決消費者物質方面的需求，所以沒有好的產品，就一定沒有好的品牌。而產品的品質是建立任何一種品牌的基礎，需要產品必須具備良好的實用性、完備的功能和效用，還要把產品的功能、益處、功效性、實用性都清晰地展現在消費者面前。品牌帶給人種種期待和夢想，使人不斷產生聯想和情思。品牌無形，附著消費者更多的精神價值，給予人感性的體驗，是一種精神的感召，寄託著人們在心靈、情感和心理等方面的各種需求。品牌能夠使人快樂、令人安慰，也給人熱情乃至亢奮，讓人體驗到美好愉悅和年輕的活力。精神的力量是無窮的，很多人對此都有深刻的感受，所以品牌所獨具的魅力能夠更多地滿足人在精神方面的需求。

品牌傳播，幫行銷裝上一對翅膀

隨著市場競爭的日益激烈，企業的品牌意識也越來越強，品牌逐漸成為克敵致勝的行銷法寶。在這種情況下，品牌的傳播就成為品牌策略得以成功實施的關鍵所在。但是有些企業的品牌傳播，卻與品牌的核心價值完全脫節，所做的廣告、促銷、公關等行銷活動，相互之間缺乏關聯性，讓消費者摸不清頭緒，甚至相互矛盾，根本就看不出是同一家企業所為。沒有統一的目標和連續性的宣傳是對品牌傳播資源最大的浪費。

♦行銷的最高境界，就是企業傳播品牌

在品牌傳播中，要準確地傳達消費者特定的心理訴求，使消費者在不知不覺中對品牌產生了情感忠誠，這就意味著品牌達到一種實至名歸的境界。如世界著名的炸雞速食連鎖企業，建立於 1952 年的肯德基，在全球 80 多個國家和地區擁有 14,000 多家餐廳。不論是在中國的萬里長城，還是在法國的巴黎市中心，如此龐大的戰線隨處都能見到肯德基爺爺桑德斯（Sanders）上校那張熟悉的臉孔招牌；100 多年來，

麗仕企業始終用國際影星作品牌的形象代言人，以詮釋其「美麗」的承諾；而Nike始終堅持只贊助體育活動，從不涉足其他領域。品牌策略一旦確立，就一定要堅持到底，不能忽東忽西。

國外某啤酒品牌39.48%的股權轉讓，在該國內甚至國際啤酒產業上，掀起了軒然大波而備受關注，隨著國際啤酒大廠等的競購，企業股價也水漲船高，接近了60億元，而同期該品牌的總資產僅為11億元，一年的營業額也才10億多元。該啤酒品牌傳播的行銷脈絡很清晰，基本上可分為二條主線：第一是讓消費者記住品牌的名稱和品牌訴求，主要手段有廣告宣傳、事件行銷等；第二是告訴消費者企業能做什麼，就是讓消費者知道企業的優勢，包括品牌的品質、技術創新和外觀款式等；第三要讓消費者感受企業無微不至的關懷，感知企業為社會的付出，主要方法為建立客戶關係、為客戶提供附加價值的關懷與服務，還有為社會所做的貢獻、創造的效益等。

該啤酒品牌於1986年誕生，主要經歷了兩大階段的品牌傳播。第一階段是在1999年以前，著力傳播品牌的知名度，讓消費者記住品牌的名稱。這一階段，品牌的影響力雖然有所擴大，但發展的瓶頸也日益突顯，在競爭中尚處於下風。1999年後，其開始在品牌傳播上下大功夫。首先在品牌核心價值上的挖掘、提煉與傳播，洞察消費者飲酒時情感溝通的根本需要，確立以「真情」為核心價值的廣告語——「真情的世界」。其次加強產品研發，輪番推出科技領先的中上等新品啤酒，占領制高點，引導啤酒消費的潮流，從而大幅度地提升了品牌形象，贏得了廣泛的美譽度。1999 年推出該國首創的冰啤酒；2000 年推出城市內第一支純生啤酒；2003 年推出純生冰啤酒；2005 年後又推出不同種類的啤酒。一系列的產品組合，在成功的品牌傳播和市場操作中，徹底打敗了競爭對手，有效地阻擋了對手的進攻勢頭，建立了當地啤酒市場絕對領導的品牌地位，市場占有率達到 50%。這正是該啤酒品牌得到國際啤酒大廠青睞的根本原因。

♦品牌傳播就在於不斷重複

作為一種檸檬口味的飲料，七喜自 1929 年上市以來，產品的定位就一直搖擺不定。最早是「消除胃部不舒服的良藥」；1942 年換成「清新的家庭飲料」；十幾年後又推出新的主題廣告系列。這些混亂的宣傳，使消費者對七喜的印象始終不清楚。有人認為七喜是調酒的飲料，有的還認為是藥水。直到 1968 年，七喜將飲料定位為「非可樂」，銷量躍居美國市場第三位，僅次於傳統的可口可樂和百事可樂。七喜很快就展開新的宣傳攻勢，繼而又打出「從來沒有，永遠也不會有」（指咖啡因）的廣告詞，可惜造成七喜市場日見萎縮，最終一部分被希克哈斯收購，另一部分歸屬了百事可樂公司。

簡單的事情只要堅持重複去做，能夠持之以恆就是勝利。一個好的廣告推出來，要至少能保持十年不變。品牌傳播就在於重複，只有不斷重複，消費者才會越來越加深對品牌的認知。透過消費者關注與記憶的不斷累積，才會給消費者留下深刻的印象。

那些無數失敗的行銷經驗告訴我們，如果傳播品牌的形象總是朝夕令改，只能留給消費者非常模糊的形象，不只是毫無個性可言，而且無法建立起強勢的品牌。這樣的例子俯拾即是，有的房地產開發商今天推出價格高昂的別墅，明天又推出價格低廉的小房型；今天說環境優美，明天又說位置優越；今天贊助慈善活動，明天又資助文藝晚會，使消費者無所適從，品牌建設也成為一句空話。

行銷的危機處理，首要之務是保護品牌

著名的企業危機管理與公關專家奧古斯丁（Norman Augustine）先生曾經說道：「每一次危機的本身，既包含著導致失敗的根源，也孕育著成功的種子。只有發現和培育，才能收穫這個潛在的成功機會，這就是公關危機的精髓。」也就是說，在任何一種行銷的危機時刻，都包含著兩種因素：導致失敗的根源和走向成功的種子。所以說，行銷的危機既是最壞的時刻，但同時也是一個最好的時機。能否在行銷艱難的時期積蓄能量，最終實現量變到質變的過程，這的確是擺在每家企業面前的難題。

♦珍惜良好的品牌形象

在瞬息萬變的行銷競技中，一家企業的興衰成敗，往往取決於所經營的產品是不是實至名歸的品牌。市場經濟變幻莫測的大潮，更是逼迫所有的行銷都應千方百計實施名牌策略、注重名牌效應。而殘酷的市場競爭，又決定了任何一個名牌都可能隨時遇到意想不到的事情。一個正在走紅的名牌，突然會被市場吞噬、毀掉，早已不再是新聞；有百年歷

史的名牌，眨眼間跌入谷底，甚至銷聲匿跡，也不再是駭人聽聞的故事。

在行銷的發展過程中，由於企業內部管理出現缺漏，自身的失職、失誤，也同樣會導致各種危機。一旦發生品牌危機，公眾對這種品牌產生懷疑甚至不再信任，往往就會引發品牌雪崩，品牌的信譽迅速坍塌，造成銷售量的急遽下降，很快會被市場無情吞噬，最終不得不徹底銷聲匿跡。

在行銷的整合過程中，眾多企業在最危急的時刻，卻常常因忽視了品牌保護，從而給原本艱難的行銷危機造成更加深重的損失，最終失去擺脫困境的能力。所以我們必須清醒地認知到，在漫長的歲月中，品牌在消費者中樹立的形象，恰恰是品牌資產總體價值中一個重要的組成部分，而且是不可忽視的、最為重要的一個環節。良好的品牌形象，實際上是企業行銷中一種無法估量的力量，有時甚至代表著一種文化。但是，如果沒有珍惜品牌的實際行動，品牌保護的作用又從何談起？

♦品牌保護刻不容緩

企業的品牌產品，對於消費者往往有強烈的吸引力，一方面是品牌品質的信譽保證，一方面是思想意識中累積的一種情感與理念的魅力。就是說，對於一些品牌，消費者早已在潛移默化中形成一種固定的偏愛，這種強大的慣力，不允許、也不接受那些經典品牌產品形象的改變。如果一家企業在行銷危機中為了單方面強調自我保護，而違背了消費者的意願，使品牌的品質、品性發生了改變，那麼必然會遭遇更加深痛的慘敗。

馳名商標如果不進行品牌保護，同樣會面臨從公眾的心目中逐漸淡去乃至徹底消失的危險。我們必須明確，「品牌保護」中「保護」二字的真正含義。一家企業在行銷機制中，就是要透過各種辦法和途徑，包括使用法律手段，來保護自己的品牌。尤其今天的企業，必須熟悉國家的法律法規，對地方性法規也要深入進行了解，此外還必須熟練地掌握國際上有關方面的法律法規，這樣才能合理運用。

♦時刻維護品牌利益

在品牌行銷中，由於兩個商標過於相似，造成了在一般消費者中出現普遍錯誤認購的情況很常見。因而，對擁有品牌的企業來說，除了做好商標管理之外，要想達到有效的品牌保護，還需要做好三件事：

- 一是要擁有堅定的品牌信念，和堅韌不拔的恆心。
- 二是企業必須懂得運用法律武器，維護自己的品牌利益，要時刻準備進行保衛戰。
- 三是要想不被狼吃掉，就要把自己變成獵人。

一個品牌的產品品質如何，始終是消費者關注的重心。要想使一種名牌經久不衰，企業就必須堅持品質為本，謹小慎微如同創業之始。要想樹立一個長久牢固的品牌，這種品牌商標的保護，同樣是至關重要的。優秀的品牌，對於消費者的消費是一種指引。而商標和商號，對任何一個品牌，都是最重要的組成部分，都有區別商品的功能。為什麼很多冒牌企業，都喜歡模仿名牌產品？就是希望利用這種品牌效應，透過打擦邊球來牟取利益。

比爾蓋茲說過，「如果認為自己的企業已經是最好的時候，那麼這個企業也就死到臨頭了」。他對企業所有的管理人員和員工說，「微軟離破產永遠只有 18 個月」，使他的員工時刻都充滿了危機意識，創造了一個又一個發展奇蹟。任何一種產品，都有一個成長、成熟和衰敗的過程，名牌產品當然也不例外。所以，只有不斷地創新品牌產品，企業才會有發展前途。

人是品牌的締造者，也必然是品牌的終結者。完善的企業行銷發展策略，是立足於全域性的長期謀劃，它決定著行銷的發展方向、資源配置和組織機構，是企業持續發展的根本所在。擁有一套完善的行銷發展策略，企業就可以按部就班，依據計畫目標，採用一定的手段和步驟，生產出能夠滿足市場需求的主打產品，形成品牌效應，從而占領更大的市場占有率，贏得豐厚的利潤。一家企業在行銷中不僅要建立品牌，更要及時預防品牌危機的發生。作為企業的主體，企業員工的行銷觀念、名牌公關及危機意識是名牌生存的關鍵所在。所以保護名牌的重心，就在於樹立和提高員工保護品牌的危機意識，形成全員公關、全員行銷的觀念。

行銷到哪裡，品牌就到哪裡

一種品牌，最多可以覆蓋多少市場？實際上，一個品牌很難同時成功跨越從低價市場、主流市場，一直到上等市場等各類市場。即便有這種情況，也是非常罕見的。而索尼（Sony）就是這樣的品牌，許多年來都能在幾類產品中，自由橫跨不同等級與價位市場。如早期索尼隨身聽的價格，可以從 25 美元一直到 500 多美元，卻沒有令消費者感到迷惑而損害品牌。因為索尼公司非常明智，它並沒有把所有的品牌都加上索尼這兩個字。索尼公司在收購路維斯（Loews）連鎖影城的最初，也是把名字加在其上。可是當公司發現，那些陳舊的影城與「索尼」名號很不相稱，就果斷地留下幾個條件較好、能強化「索尼」品牌的影城，而把大部分影城都重新換回原來的名字。為什麼索尼能夠同時擁有兩個獨立的市場形象？這種經驗是很不同尋常的。因為對於一般的企業來說，能在主流市場保持高品質形象，已經不太容易，同時又在低價市場上保持低價的形象，這就很難了。索尼之所以能夠做得很好，是因為他的這兩個市場，在宣傳和銷售方面都保持著各自的獨立。

在行銷中，一種品牌要想開拓、擴張市場，就一定要借鑑這些企業的成功經驗。我們可以再看一看利維（Levi's）牛仔褲和花旗銀行（Citibank）的市場行銷情況。這兩個品牌在中東和歐洲，都屬於高階品牌，可是在地理位置相距遙遠的美國，卻屬於實用的主流品牌。因為是在不同的地區，遙遠的距離就像一個緩衝器，使這兩種品牌的形象衝突大大緩解。花旗銀行向全球客戶傳遞的資訊很混亂，致使花旗銀行不斷增長的細分市場受到影響。利維公司則被「灰色銷售」困擾，未經授權的商品也從合法的通路銷售出去，致使它的產品品牌，在美國的零售價比歐洲的批發價還低得多，授權零售商失去了銷售動力，消費者也失去了原價購買利維牛仔褲高階品牌所附加的情感享受。

當企業行銷的大軍在思考和籌備進行市場垂直擴張時，一定要對機會和風險再三評估，要仔細研究當前品牌所處的市場位置、長處、弱點，所傳遞的資訊。如果向低一級市場或高一級市場擴張，不妨認真考慮一下，或許建立一個新的品牌效果會更好。如果已經擁有一系列上等品牌的控制權，那麼就要考慮一下，怎樣才能充分地利用這些品牌，把產品線布置得更為合理。為品牌重新定位，是要承擔一定的風險的，要像推出核心品牌一樣謹慎地推出次級品牌，也可以收購一個新品牌，將風險最小化。

♦品牌重新定位

企業也可以利用現有品牌的影響力，將整個品牌重新定位。最直接的方法是降低品牌價格，即「萬寶路方式」。萬寶路（Marlboro）品牌曾經降價 40%，令股票市場產生大震動。眾多品牌面對競爭者，都採用了這種辦法提高競爭力。但是這種危險的降價超過 20%，就會對所有的競爭者造成巨大壓力，處在弱勢則只能以相似幅度永久降價。這樣做也會對品牌造成巨大的損害，強化消費者對品牌的偏見。企業在調整價格時不妨提供合理解釋，以示產品品質並未因價格而受影響。如寶僑公司（P&G）推出天天低價活動，避免零售商提前購進或轉向別的供應商，它使購買簡單化，甚至消費者都認為，這是前後連貫的一項更大的行銷策略。

公司還可以對品牌提供額外支持，減少形象的損害風險。萬寶路在降價前後都推出促銷活動，盡可能維持利潤率。但是一個品牌如果變得過於弱小，也就沒有什麼品牌資產可言，沒有重振品牌的必要了。能意識到基於價格管理品牌與基於品質或風格形象管理品牌是不同的，這一點很重要。基於價格管理品牌的管理者應該減少對其品牌的支持，並在後勤、生產、價格和服務等方面創造一種成本優勢（或至少避免一種成本劣勢）。處於成本劣勢的價格品牌試圖參與競爭，其結果將是很不幸的。一個品牌參與次級市場的競爭的最好方法，就是創造價值、製造差異性，才能使得品牌的價格失去參照，不被認為定得過高。寶僑公司成功運用這一策略，在幾年中將汰漬品牌（Tide）的包裝進行數十次改進，使這一品牌沒有淪落為普通日用品。

♦進入高一級市場

由於高階市場比中層市場有更高的利潤率，所以企業在積聚實力後，通常會將品牌由主流市場移入高級市場。一個整體上缺乏吸引力的產品群，往往會因新出現的高階細分市場而重新啟用。可以看一看豪華汽車，微型釀酒工坊、特製咖啡，甚至上等飲用水，這些品牌對各自產品不但沒有負面的影響，反而使市場等級有所提升。那些最新流行、最令人激動的市場，以豐厚的利潤率吸引著行銷人員。可是，大多數消費者可能會懷疑：如果一個品牌已經在主流市場樹立了牢固地位，還能再參與到高一級市場的品牌競爭嗎？這個行銷中低階品牌的企業，會有相應的知識與能力，去運作一個高級品牌嗎？即使那些有著良好聲譽的品牌也會受到懷疑。

確實，一家企業要想直接將低價品牌重新定位於高級市場，幾乎不可能。主流品牌即使成功進入高級市場，也會犧牲現有消費群。例如，「假日酒店」（Holiday Inn）這個品牌，代表舒適的家庭酒店，但是當定位於高級市場、品牌名稱變為「皇冠假日酒店」（Holiday Inn’s Crowne Plaza）時，品牌的名號卻反而變成了阻礙。公司只好取消了兩者之間的連繫，皇冠酒店開始獨立參與市場競爭。已經擁有低品質形象的低階品牌，很難演變為高級市場的高品質品牌，成功的案例非常少。豐田公司是為數不多的一個例子，但公司為了改變它的形象、改進效能，竟花了十幾年的時間，用於廣告宣傳的花費高達數十億美元。豐田公司推出凌志（Lexus）品牌的事實無須隱瞞，儘管擁有這種「影子擔保」，可以減少消費者的疑慮，但是凌志並不公開與豐田公司連繫在一起，因為它向消費者傳達獨立的定位。建立新的品牌可能極其昂貴，豐田公司對凌志進行了大量的投資。

與進入次級市場相似，進入高級市場的方法，通常也是建立或收購新品牌。如本田公司非常清楚，要想進入 BMW 和賓士所壟斷的高階市場，本田這個品牌名稱就是致命的障礙，所以建立了 Acura 品牌，獲得成功。

有時企業也可以透過授權使用高級市場中其他類別的品牌。如某個服裝產品使用「蒂芙尼」的名稱，或某種家具產品使用賓士的名字。這種方法卻放棄了高級品牌所擁有的策略力量。

♦進入低一級市場

如何把品牌擴充到低價位市場呢？這種機會，有時會出現在有銷售通路的企業中，如在超級市場行銷的某類產品品牌，可能會在低價位市場的銷量迅速擴大。更多的機會是由公司本身的低成本銷售通路所創造的。因而企業必須做好準備，隨時透過這類通路大量銷售產品。比較專業的超級市場，有些公司已經以某類產品為主導，創辦了批發商店，面向那些對價格敏感的消費者，實現了相當規模的經濟回籠。如價格俱樂部（Price Club）、沃爾瑪折扣商店等，都是很好的例子。還有直銷，它基本上改變了電腦等產業的成本結構，也提供了進入低價位市場的新途徑。

有誰會禁得住規模龐大，而且在不斷增長的低價市場的誘惑呢？這種市場垂直擴張，不僅能使銷售量大大增加，產生規模效應，還可以免受自營商標產品、價格低廉的品牌以及低品質進口貨的威脅。一般來說，一個品牌要想轉向次一級市場，相對來講還是比較容易的，有時候甚至是不知不覺的。當然，移向次一級市場也要冒很大的風險，因為一個品牌一旦與次級產品連繫在一起，即使價格或者效能只有輕微的改變，都會冒失去高定價、高品質品牌地位的風險。如凱迪拉克 Cimarron 向次級市場擴張，生產的雪佛蘭式轎車，就曾經給凱迪拉克品牌帶來巨大的損害，證實了品牌進入低一級市場，有一定潛在的危險性。

要想避免引起這種負面效應，可以嘗試推出新的品牌。但是推出新品牌也並不容易，因為創造新品牌就要建立知名度、發展消費客群、創立品牌形象和品質概念，付出的代價非常昂貴，甚至會讓企業無法擔負。即使是擁有眾多資源的公司，有時在建立新品牌時也會遭致失敗。因為在激烈的產品價格競爭中，如果無法把價格保持在一個足夠低的水準，就無法在競爭中贏得市場、站穩腳跟。而且新的品牌還面臨著銷售障礙，公司必須設法說服零售商經銷這種尚未站穩的低價品牌，因為他們不願相信尚未成熟的品牌。

1993 年，服裝產業的零售商 Gap 發現，他的競爭者針對那些價格敏感的客戶，推出一種款式與 Gap 服飾相近、價格卻低 20% 以上的產品。於是，Gap 嘗試推出了「Gap 倉庫」店，這家商店出售價格和品質都有所降低的 Gap 品味商品。一年以後，管理者卻發現，這家冠以「Gap」名號的新店，讓 Gap 品牌的新老主顧常常感到迷惑，使 Gap 核心品牌的形象漸漸受到損害。為此，他們只好重新為商店命名為 Old Navy 服裝公司，這個品牌後來憑藉它自己的力量，取得了巨大的成功。

第三章
自我行銷，所有行銷的基礎

沒有任何時刻比今天這個時代更需要自我行銷，自我行銷是自媒體時代的基本生存之道，更是一種生活態度，你要相信自己夠好，並找到一切辦法把自己傳播出去，推廣出去！這樣，你也才能做好你要行銷的產品。

行銷永遠勝在誠懇，以誠信至上

誠信的基本內涵，包括「誠」與「信」兩方面，「誠」講的是誠實、誠懇；「信」講的是信用、信任。要求企業在市場經濟活動中，不僅要遵紀守法、誠實守信，更要誠懇待人、以信取人，同時也要信任他人。一家企業想要實現誠信行銷，就要將誠信的原則貫徹到行銷活動的各個環節中，始終堅持誠信的行銷理念，在整個行銷過程中，要始終如一兼顧社會、企業、消費者以及內部員工的利益。只有誠實守信才能確保企業在長遠行銷中始終獲得豐厚的利潤。

誠信行銷主要有兩層含義：一是企業要確保行銷活動的公開、公平和公正，沒有欺詐等行為；二是企業行銷應遵守國家法規，要符合社會道德規範，不能違背社會公德。作為一名優秀的行銷人員，就必須懂得客戶的真正需求是什麼，絕不能一味地施展所謂的銷售技巧而忘了誠信的根本。因為技巧的效用只是暫時性的，只有誠心誠意地滿足客戶需求才是長久之計。

♦學會換位思考

企業的行銷人員並不需要過多強調所謂的銷售技巧，而是首先要學會換位思考，讓行銷人員切身體會，如果自己是客戶，或是一個經銷商，會喜歡什麼樣的行銷人員？對方怎麼做你才會從內心感動，產生一種真正敬重感？又有哪些行徑你會遭到厭惡，甚至表面稱兄道弟，背後卻在說壞話？有了這種換位思考的切實體會之後，行銷人員才能心甘情願地遵循一切為客戶著想的原則，對客戶與消費者的態度才能變得更加誠懇。使合作的客戶對公司感覺放心、省心，客戶才會從內心越來越重視這種合作，也就沒有什麼鴻溝不能踰越了。

可是很多企業在開展行銷培訓時，卻常常把「如何把梳子賣給和尚」作為主題，認為將梳子賣給和尚，是值得學習的銷售技巧，還培訓人員學習這種本領，並要求行銷人員運用在實際行銷中。這樣做的最終結果，不僅大大降低了行銷人員的自身素養，也會從根本上傷害企業的形象與信譽。

行銷人員頭腦靈活、能說會道，有較強的溝通能力，的確是一種優勢。但是如果在進行行銷工作中忽視了客戶的利益，憑自己表達能力強的優勢而口若懸河，說得天花亂墜，可能會使客戶一時衝動而達成交易。試想，如果把「梳子」真的賣給了「和尚」，和尚回去後，必然會感覺自己受了騙、吃了虧、上了當，那麼還有沒有日後再次合作的可能性？結果可想而知。

有一位從事家電銷售的業務員，平時做事比較嚴謹，既不會抽菸，又不能喝酒，甚至從不會以吃飯、聊天等方式溝通感情。很多人都認為他不適合做業務，可是他卻很不服氣，就暗下苦功，勤勤懇懇，堅持每天辛苦地在市場上進行走訪，秉持著誠信的原則，以客戶的需求為主旨，認真蒐集市場資訊。結果在年終評比時，銷售額遙遙領先，一下就爆了個大冷門。

還有一位語言表達能力比較差的人對食品飲料的銷售職產生極大興趣。在應徵時，主管人員毫不猶豫地將他排除在候選人之外。但是他堅持要做，並且寫了封誠懇的決心書，終於打動主管人員，答應讓他試試。在試用培訓中，儘管他非常刻苦，可是表現始終不理想，沒有人對他的前程看好，而他自己卻沒有失去信心。分到市場部，開始投入工作之後，那些能說會道的銷售員果然旗開得勝，業績好，市場反應也不錯，但時間一長，客戶關係就漸漸出現了惡化，唯獨這位不被大家看好的銷售員，儘管一開始的業績平平，最終卻因誠實懇切在客戶中贏得了信譽，與客戶建立了緊密的合作關係。從那以後，他的銷售業績始終名列前茅、居高不下，令人不得不刮目相看。

♦誠信是自我行銷的起始

俗話說：「有誠才有信，有信才有客。」的確是這樣，「誠招天下客，譽從信中來」。誠信既是塑造企業形象和贏得企業信譽、提升企業競爭力的基石，更是自我行銷的起始。具體而言，就是企業中的每一位個體，在行銷中都要誠懇待人，首先要求主管與員工之間，上級與下級之間，以及員工與員工之間，都必須保持一種相互信任的誠懇態度。也只有這樣，企業在行銷的過程中，才能以誠信的整體形象共同面對市場。一家企業也唯有遠離欺騙、誠信行銷，才能有效地提高企業的形象。

如果說誠信是企業行銷的基本原則，那麼誠懇的態度就是自我行銷的基本功。一家企業想要實現行銷的最終目標，就必須確立誠信的原則。所以在一切行銷行為的過程中，除了保證產品的品質之外，還要讓每一位客戶都切實感受到這種始終如一的誠信，他們透過行銷人員誠懇的態度，才會產生對產品本身和企業的信賴。一旦以誠信打動了消費者，那麼這些人就會變成產品的間接業務員，從而產生口碑效應，大大提高市場銷量。正是這種誠懇與誠信的品性，培養了客戶對產品的忠誠，而忠誠的客戶會為企業帶來更加豐厚的利潤。企業 80% 的利潤，就是靠這些只占客戶總數 20% 的忠誠客戶的購買量來實現的。無數事實證明，唯有以誠信面對市場，才能不斷聚集財富，財源才會越開拓越廣闊。而違背了誠信的原則去賺錢，最終將面臨財源枯竭的厄運。

♦行銷人員必備的基本素養

正如凱撒大帝曾告訴兒子的，一個人要具備智慧、正直、專業、自律的品德，這些用在行銷人員身上，也有很多借鑑作用。要想把這種品德為消費者所認同接受，就必須透過誠懇的自我行銷來實現。作為一個優秀的行銷人員，首先要具備正直、智慧的品性，這是誠懇與誠信的基礎。也許很多人會將智慧與聰明混為一談，其實這是誤解了智慧。一個內心深處總是湧動坑蒙拐騙邪念的奸猾者，擁有的絕不是什麼真正的智慧；而擁有真正智慧的人，一定比一般的聰明人更有高度。充滿了智慧的行銷人員，從來就不會把客戶當成傻子或是敵人去對待，而是著眼全域性、權衡得失，他們總是能防患於未然。「把梳子賣給和尚」這種看似聰明的做法實則是徹底失去客戶信賴的傻事。如果不能防微杜漸，就會造成企業不可估量的損失。

專業而又自律，這恰恰是優秀的行銷人員必備的基本素養。唯有這種訓練有素的氣質，才能把誠懇的態度、誠信的品性淋漓盡致地表達出來。曾經有一位行銷人員，他將客戶因算錯了帳而多付的貨款，如數上交給公司，然而公司非但沒有退回客戶多付的貨款，還對這位銷售人員進行通報表揚，認為這一行為是維護了公司的利益，結果沒過多久，這個企業就奄奄一息了。因為他們最終都沒有明白，公司和行銷人員最大的利益應該來自哪裡。

實際上，行銷的最高層次，恰恰就是拋棄那些所謂的銷售技巧，只留下幫助客戶成功的誠懇心態和實際行動。一家企業如果始終能從客戶的利益出發，堅持為客戶著想，就一定會贏得消費者的信賴。這才是一個行銷人員真正的尊嚴，才是在維護公司的最大利益。一家企業的信譽，就是靠這些智慧、正直、專業、自律的行銷人員，在誠懇的自我行銷中不斷贏得客戶發自內心的敬重而建立起來的。總之，只要時刻都為客戶與公司的利益著想，始終能站在消費者的角度去換位思考，那麼，無論是你的公司還是你個人的自我行銷，都將順風順水、走向成功。

行銷離不開情感上的互動

我們在行銷中加入情感因素，是能與每一位客戶保持長久關係的基礎。以情感吸引大眾，將會使與客戶的交換價值不斷增長。進一步培養客戶的忠誠度，就會帶來更多的老顧客。當我們在行銷實踐中，加入了更多以情感為基礎的行銷元素時，就會形成一種有力的競爭優勢，因為這是競爭對手無法複製的。企業和消費者之間的互動，在當代經歷了三個階段：第一階段以「賣方市場」為主體，在這個時代，消費者是缺乏選擇權的。第二階段是「產品競爭」時代，消費者是上帝，企業產品之間的差異較大，價格大戰此起彼伏，終端銷售的爭奪戰更是硝煙瀰漫。激烈的競爭使企業各顯其能，用盡各種行銷技巧，漸漸地消費者對這種種銷售手段越來越麻木。當市場進入產品高度同質化的年代，第三階段接踵而至。新一輪的競爭，走入了企業與消費者互動的「情感行銷時代」，要想使消費者對企業的品牌產生情感，不僅要把產品賣給消費者，更要使產品走入消費者的內心。

♦同質化年代的情感經濟

在如今這個產品高度同質化的年代裡，企業家與職業經理人，無時無刻不在殫精竭慮、絞盡腦汁地想著各種促銷，整日在為如何找賣點，如何打廣告傷透腦筋。可結果是市場並不買單，這就是大多數企業面臨的現狀與困境。在今天的行銷市場，能讓消費者掏腰包的理由，已經由過去的「好不好」，變成了「喜不喜歡」。從品質上看，誰能分清麥當勞與肯德基誰更好？ Nike、愛迪達究竟比國產運動鞋好在哪？亞曼尼、LV、香奈兒等大牌，到底憑什麼能讓人為它一擲千金？這些同類產品的品質已經高度相近，因為產品品質好早已成為更多品牌最基本的要求，已經不再是吸引消費者的唯一理由了。

高品質商品的極大豐富，使得消費行為越來越傾向於情感的召喚，正如柏拉圖把理智與情感比喻為拉動行為的兩匹馬，而情感就是那匹高頭大馬，理智只是一匹小馬駒，人的大腦總是更傾向於情感，而不是理智。情感是人類生活永恆的主題，是維繫人與人之間關係的基礎，所以行銷更是離不開情感的互動。情感是連繫人的需求與行動之間不可或缺的連結，引領消費者盡快去實現自己的購買需求。在這個情感經濟的行銷時代，情感正在創造著品牌，情感正在創造著財富。企業就應該抓住這個機遇，盡其所能，以產品的品質與文化因素，來打動消費者，從而在情感的互動中，使消費者對企業產品「一見鍾情」、「一往情深」，形成品牌效應。

♦「情感」能夠催生「魅力產品」

一種產品，在行銷中一旦打動了消費者的心，消費者就會把這種產品當成好朋友，形成固定的消費族群。開動了情感的魔法，就會在情感的互動行銷中讓消費者忘記產品的價格因素，更加關注品牌所涵蓋的價值，進而形成良好的品牌效應。所以在企業的行銷中，除了產品的品質，剩下的絕大部分工作就是如何才能讓自己的產品與客戶和消費者建立一種美好的互動情感，成為令人矚目的品牌。問題的關鍵就在於，怎樣才能在企業與消費者之間建立一種價值的認同？圍繞這個中心，我們應該怎樣調整行銷的走向，才能與消費者建立深厚的情感？如果解答了這個問題，也就能夠幫助我們在商戰之中，跳出那些低層次的競爭思維，從而順應市場潮流，站在一個更高的層面上，來重新審視和掌握企業行銷的策略部署，開啟一扇洞察消費者各種需求的天窗，以便及時掌握和運用切實可行的行銷新手段。從這種意義上講，情感行銷將成為這個時代最有效、最為持久的行銷策略。

品牌的全球化形成了品牌經濟，也加快了感性行銷時代的到來。或者說，一切行銷的立足點，都是在如何洞察消費者的真正需求之上。了解了這一點，就能夠發揮情感行銷的優勢，全方位營造一種能夠打動消費者的特殊魅力。只有洞察市場潮流的最新動向，才能準確地開動情感魔法，在這種全新的情感行銷中，用情感來打造品牌，透過情感來創造財富。而曾經的那種激烈的商業競爭，也正在被情感營造的氛圍所取代。而市場行銷，也時刻反映出消費者的心理和情感因素，開始向著圍繞消費者需求的方向發展。這種行銷模式必然成為最有效、最持久的行銷策略。於是有人在振臂高呼：「品牌就是和消費者談戀愛，行銷就是讓消費者愛上你。」這個比喻相當貼切，因為情感行銷的最終目的就是要讓消費者動情，讓消費者青睞你的品牌，產生戀愛般忠誠的情感。鑄造品牌的目的，就是讓消費者在一種具有普世價值觀的氛圍中，真心地愛上你所行銷的品牌。而這種信任的情感，如果用談戀愛來比喻，真是再恰當不過了。

♦如何打動消費者的心

許多成功企業行銷的產品之所以受到消費者的青睞，不僅僅是因為工藝、品質的出眾，更重要的是因為他們贏得了更多客戶的好感與信任。就如 Nike、愛迪達、LV、香奈兒等，這些品牌都成為一種具有濃厚情感因素的品牌符號，正是這種情感因素，成為滿足不同的消費者的心理需求、不斷購買產品的推動力。他們是怎樣讓品牌與消費者成為好朋友的？我們怎麼做才能打動消費者的心？這應從以下方面入手：

1. 就是要實實在在地兌現你的承諾，只能超值，不可以縮水。產品的品牌就是一個承諾，而品牌就是要把產品與行銷服務定位，將產品的利益、個性和價值兌現給消費者的一個過程。所以企業要說到做到、適度承諾，絕不能誇海口。如果言行不一，必定會失去最後一位消費者。

2. 情感的互動一定要觸動消費者的心弦，要充分了解消費者喜好的是什麼。正如可口可樂賣的產品是飲料，而吸引消費者購買產品的卻是他們的廣告。所以他們的廣告總是與年輕、快樂、運動緊密相連，畫面中總是閃動著巨星的身影。可口可樂以及百事可樂的情感互動是相當成功的，這些品牌賣的就是那種暢快淋漓的美好心情，而這種感覺，恰恰是年輕的消費族群共同的喜好。

3. 羅丹（Auguste Rodin）說：「世界並不缺少美，而是缺少發現美的眼睛。」情感行銷的真正難點在於，如何才能找尋到打動消費者的情感元素，傳遞一種被廣為認同的普世價值。就像「真、善、美」這種散發人性之光的主題，永遠都是被人類推崇的情感，是一種被全人類共同推崇的心態。要從生活中的各個場景、各種層面去了解消費者的心理，即使與消費者溝通和互動，用最感性、最能打動人心的行銷方法，將心比心地交換消費者真誠的信賴。

運用人性，行銷的心理遊戲

真正成功的行銷，絕不是迎合客戶，而是始終保持對客戶真實購買意向的清醒認知。行銷人員可以引導消費者，並提供各種解決方案，讓客戶有正面又獨特的感情體驗，願意在這個平臺上享受愉快的情感互動。那麼怎樣才能獲得這種巨大的影響力呢？行銷人員如何才能透過自己的行為打動客戶，從而使其做出購買的決定，達到行銷的最後目的呢？

在傳統的行銷模式中，銷售人員與客戶之間，進行的是一種「推」、「拉」的遊戲。而這種遊戲的艱辛過程，可謂是披荊斬棘。因為銷售人員必須每天都要面對各種消費者和客戶，工作總是充滿了挑戰、抗拒和異議。有時甚至在成功的銷售之後，客戶或消費者可能還會毫不客氣地質問行銷人員：「都是你，把這麼糟糕的商品賣給我，價格這樣貴，售後服務跟不上，維修的時間又長。」傳統的銷售方式，讓銷售人員走入充滿挫折與無奈的失誤。如果把這種被動的行銷比作一場體力遊戲，那麼與其讓銷售人員在遊戲中進行艱苦的「推」、「拉」，為何不把行銷變作一場因勢利導的心理遊戲？而心理遊戲的宗旨，就是透過情感溝通，完成成功銷售這個目標。

在很多情況下，人的慣性思維會讓人急於去證明「我是對的」。持有這種心態，行銷人員很容易陷入自我情感狀態中，與客戶力爭是非。行銷人員一定要切記：賣出你的產品，要比誰是誰非來得更重要。行銷人員一定要跳出與客戶的體力遊戲，並不需要對客戶或消費者證明什麼，更不需要向客戶證明「我才是對的」。因為只要賣出你的產品，就是成功的行銷。

♦重視「暫停」的訊號

在一場銷售活動中，最常見的一種情況是在行銷人員介紹完商品後，消費者卻說：「是的，我覺得你的商品是有優勢。但是我還是認為你的產品價格實在是太高了。」這句話傳遞出的資訊，行銷人員必須注意，因為這實際上是這一種「暫停」的訊號，也就是行銷人員在這種情況下先停止銷售行為，找到客戶的抗拒點，並設法排除。因為客戶並沒有真正「聽到」或理解行銷人員所講的內容，而是始終在按照自己的慣性思維去思考問題。如果消費者與客戶堅持自己內心的想法，也就是處在自我思維的盲點上，那麼行銷人員就很難讓消費者與客戶接受自己的想法。這時候，行銷人員可以反問：「價格問題是你目前最關注的嗎？如果我們在價格方面做出了讓步，你會不會立刻購買呢？」或者乾脆向客戶提出交易條件：「你真的是非常精明，你希望的價格是團購價，如果你買十件以上就可以享有團購價了。」

♦機遇蘊藏在危險中

客戶如果對行銷人員抱怨說：「都是你們的問題，現在我只能退貨，你們的產品價格高過同類商品，品質也差得多，而且售後服務也不好。」當客戶做出這種抱怨的時候，往往負面的情緒也十分高漲。如果不謹慎處理，客戶就可能把這種抱怨放大到更大的範圍，甚至對品牌產生負面的影響。遇到這種情況，很多行銷人員都會覺得很委屈：「這件事怎麼能完全怪我？我只是一個行銷人員，只負責推銷商品，而商品的品質與售後等都是公司的其他部門負責完成的，可是每次都是行銷人員聽客戶抱怨，向客戶道歉。」行銷人員的情緒也會受到影響，要是客戶氣勢洶洶地要求行銷人員負全責，退款退貨，恐怕能應對的銷售人員就更少了。

此時，行銷人員該如何面對擁有這種心理的客戶呢？實際上，所謂的「危機」就是機遇常常蘊藏在危險之中，所以危險中也存在商機。行銷人員千萬不要忽略客戶抱怨的背後帶來的新商機。因為所有的衝突，都是走向真正融合的第一步，所謂不打不相識。行銷人員正好可以借用這個機會，來調整自己和客戶的關係，用自己良好的職業素養、專業素養和耐心的服務來面對客戶。而且平時很難聆聽到客戶真實的心聲，以及對商品品質和效能等各方面的不滿和訴求。很多案例證明，往往越是抱怨得厲害的客戶，如果能得到滿意的答覆，越會成為最忠誠的客戶。

♦掌握對手的資訊，才能掌握市場

還有的消費者或客戶會引入競爭機制進行壓價，說：「我覺得你們報的價還有一定的壓縮空間。你們的競爭對手某某報的價格更有吸引力。」客戶往往會把這種競爭心理遊戲用在議價階段，希望透過這種理由，替自己的議價增加籌碼，目的是希望獲得更優惠的價格。市場同質化程度越高，市場行銷的資訊越不及時，這種透過競爭來壓價的方式造成的效果越明顯。很多商家對自己的產品沒自信，為了爭取客戶，答應其降價的要求，甚至還會主動降價，以微薄的利潤來爭取客戶的青睞。行銷人員在應對客戶或消費者的壓價時，首先要充分掌握好市場資訊以及競爭對手的資訊，恰當定位自己的商品，提高專業素養，設法說服客戶與消費者，同時也要善於帶動客戶與消費者的情緒，在為其提供一種特別的體驗中，根據客戶和消費者的情況量身訂做一個解決方案。

♦對客戶要進行有的放矢地把脈

有些客戶用「隨便看看」，含糊地應付行銷人員的詢問，不透露自己真實的需求和想法。在這種情況下，行銷人員首先要排除那些確實沒有需求以及需求不明確的客戶，而把目標鎖定在有自己明確的需求，卻不願意直接向行銷人員表達想法的客戶身上。分析這種情況的原因，一般是由於他們與行銷人員比較陌生，還沒有建立最初關係的緣故。這樣的客戶，心理還處在本能的防守階段。在這種情況下，行銷人員如果發起「進攻」，直接開始行銷，向客戶介紹該商品具有哪些優勢，反而會容易引起客戶本能的反感和心理防禦。一旦客戶產生了上述負面情緒，再想向客戶進行行銷，就會適得其反。所以，玩這種心理遊戲的關鍵，就在於要先建立連繫，增進感情，要求行銷人員具有一定的親和力，耐心、細心地消除客戶的生疏感，認真觀察、聆聽客戶的需求，甚至以退為進，有的放矢對客戶進行把脈，從而掌握客戶的脈搏，然後進一步展開行銷，就會達到意想不到的效果。

♦嫌貨貴的，才是買貨人

還有的客戶會拉入親朋好友或其他人，希望造成聲勢，來證明「我是對的」。因為「我是對的」，所以商品的品質就是不好；因為「我是對的」，所以商品的價格太高，應該下調；因為「我是對的」，所以這個商品不適合我，那麼你就不需要再向我推銷了。在這種情況下，一些弱勢的行銷人員有時就會產生一種從眾心理，陷入自我懷疑之中。心中會暗暗發問：莫非這真的是我的問題？甚至開始質疑自己的商品，「可能我們的產品品質不夠好」，「儘管外觀時尚，卻很容易落伍」，「價格的確有些過高」等等。行銷人員一旦陷入這種不自信的境地，就很容易被強勢的客戶牽著鼻子走，只好被動地壓低價格出售商品。

在應對這種心理遊戲時，行銷人員必須樹立強大的自信心，充分了解市場和自己行銷的產品，絕不為對方強大的陣勢所動。要知道，嫌貨貴的，才是買貨人，如果客戶對你的產品真的沒什麼興趣，才不會浪費時間和精力，甚至拉幫結派跟你來討論這些問題。必要時，行銷人員也可以為自己創造聲勢，可以提供大量的物證，如商品獲得的獎章、獎勵，以及以往客戶的使用見證，甚至還可以拉攏其他客戶站在自己的一邊，為自己營造氛圍。

案例：諸葛亮的自我行銷策略

我們經常可以發現，一些人在購買商品時，總是表現出各種的偏愛。即便是面對功能相當、品質相似的商品，也會選擇那些更符合自我意願的可心品牌。「自我」這個概念，指的就是一個人對自身的一切知覺和感受。而這種「自我」意識，是在自身的體驗與外部環境共同作用下產生的結果。因而在行銷過程中，消費者總是更喜歡選擇那些與自我感受更接近的產品與服務，總是盡量避免去選擇那些與自我意識相牴觸的產品。可以說，「自我」意識對消費者的購買行為有著非常重要的影響。

為什麼消費者在兩件類似的商品中，會選擇了這一件而放棄了另一件？就是因為受到這種更傾向於內心自我的情感因素的影響。所以，一種類型的產品是否能被消費者接受，則通常取決於產品傳達的概念，能不能在消費者的內心中產生共鳴。也就是說，在自我行銷中能否吸引更多消費者的關注，往往是由所提煉和傳達的價值觀是不是更接近於消費族群的自我概念決定的。

♦諸葛亮不同尋常的品牌特點

明白了這個「自我」的概念，我們就可以透過案例分析，來進一步探討關於自我行銷組合的策略問題。例如，諸葛亮的自我行銷術，在千年之前，就已閃爍著現代自我行銷的思想火花，成為當今時代依然具有一定的借鑑作用與指導意義的方法。可以說，諸葛亮出山就是一次非常成功的自我行銷。正是因為諸葛亮為自己制定了周密、詳細的行銷組合策略，那真可謂是環環相扣、步步緊逼，才使自己一舉獲得成功，一躍成為劉備的軍師，諸葛亮不愧為「神機妙算」。為日後的三分天下、開創三國鼎立的局面奠定了堅固的基礎，立下汗馬功勞。

諸葛亮的謀略、膽識與才智，主要是透過兩方面來展現的：一方面是諸葛亮對自我非同一般的見地，和他對不同類型的人的準確認知。諸葛亮準確為崔州平、石廣元、孟公威、徐元直這四人定位，屬於「務於精純」的人才。諸葛亮可以和管仲、樂毅相媲美，善於掌握宏觀。諸葛亮自謂「臥龍」，也同樣展現了他的雄心壯志。另一方面是透過他人的評價，來表達諸葛亮與眾不同的獨特性。如徐元直將諸葛亮比作呂望、張子房；水鏡先生將諸葛亮比成姜子牙，這些都充分表達了「諸葛亮」這一剛剛上市的「新產品」也具有與這些人同樣超凡脫俗的特徵。諸葛亮還親自作歌，教給隆中的農夫傳唱，使自己這個不同尋常的品牌特點進一步彰顯出來。

♦諸葛亮為自己定價

已經有了好的品牌，就需要制定與之相匹配的價格。諸葛亮的抱負是匡世、報國、安民，他實行的是長期發展的策略目標，不斷地追求做大、增強。當時，世事紛爭、戰亂不斷，致使人才市場出現嚴重的不足，滿足不了需求。而諸葛亮卻有優質品牌作保障，在這種情況下，他自然會為自己制定一個較高的價格。因此諸葛亮對自己的才能資本是待價而沽。

諸葛亮是以兩種方式為自己定價，即客觀定價法和競爭性定價法。作為服務型產品，其價值更多展現在附加價值方面，就是滿足消費者精神領域的需求。諸葛亮以古代良相管仲、樂毅自比，意思是說自己具有卓越的才識能力，更適合從事輔佐丞相或是軍師的職位，而且非此職不就。這就是諸葛亮所使用的客觀定價法，對客戶制定了固定的價格。諸葛亮還充分考慮競爭對手的情況，所以為崔州平、石廣元、孟公威、徐元直等四人作了定位「公等仕進可至刺史、太守」，而自己的「產品品牌」顯然優於這四人，當然要以更高的價格來展現其不俗的價值。

♦諸葛亮選擇的目標市場

諸葛亮深知自己乃曠世奇才的「絕世品牌」，所以他為自己制定了合理的價格。但是什麼樣的消費者才能願意購買像他這樣的「品牌」，而且也出得起這個價格呢？諸葛亮對當時的人才市場作了詳細的調查分析，認為當時的天下英雄有三人：占有天時的曹操，占有地利的孫權，而劉備只有從人和的方面發展才能與其他二位爭雄。諸葛亮於是選擇了自己的目標市場——劉備。

消費者在購買產品之前，都要了解產品的特點，然後根據感知評價，再結合產品的價格進行綜合考慮：這個產品中所獲得總價值，是否與所付出的總成本相匹配？而兩者之間產生的差額可以實現價值最大化。為此作為行銷人員，就需要採取一定的促銷方式，將自己物有所值的產品資訊傳遞給消費者，使消費者認為該品牌是能夠滿足自己需求的，從而敦促消費者完成購買。諸葛亮深知自己作為一種新的「品牌」，劉備對自己的了解不足，會認為自己的要價偏高。因此他採取一系列的促銷手段，一環緊扣一環，直至自我行銷成功——坐上劉備軍師的交椅。

♦諸葛亮是怎樣展開行銷的

水鏡先生指出劉備乃白面書生，非經綸濟世之才，告訴他「臥龍、鳳雛兩人得一可安天下。」劉備正求賢若渴、欲知詳情，水鏡先生卻欲擒故縱、閉口不談，因為他知道僅憑引薦是不足以使劉備信服的，笑曰：「好！好！」水鏡先生為諸葛亮的出場作好鋪墊，設出懸念，使劉備更急於了解臥龍、鳳雛何德何能，是何許人也？隨後，徐元直接找到劉備上門「推銷」，為了取得客戶的信任，徐元直沒有直奔主題，而是做出實績：擊敗呂廣、呂翔，大破八門金鎖陣，攻取樊城，展現他卓越的指揮才能，取得劉備的信任。卻在臨別之際推薦諸葛亮，言明：「以某比之，譬猶駑馬並麒麟，寒鴉配鸞鳳爾。」諸葛亮就是這樣，充分利用各種人際關係展開行銷，水鏡先生、徐元直、農夫，以及小童、崔州平、石廣元、孟公威、諸葛均、黃承彥等人，或是用言語或是做歌、吟詩，各顯其能地襯托諸葛亮的雄才大略，堅定了劉備的「購買」決心。

♦諸葛亮促銷策略的精髓

知識與智慧是一種無形的產品，客戶很難判斷它所能帶來的利益到底有多大。如果將這種無形的產品巧妙地展示出來，可以使客戶具體了解其特徵與功能。諸葛亮首先展示的是環境：所居之地乃「山不高而秀雅，水不深而澄清」的松柏交翠之所，映襯主人高雅不俗的氣質。其次展示的是外形：劉備三顧茅廬之後，諸葛亮在後堂整理衣冠，半晌才肯出來，只見他「身長八尺、面如冠玉，頭戴冠巾、身披鶴氅，飄飄然有神仙之慨。」這種超凡脫俗的形貌扮相，使劉備一下子仰慕起來。其後展示的是言語文章，如〈隆中對〉，展示了他的曠世才華，也是諸葛亮核心價值的展現，於是劉備心悅誠服地力邀諸葛亮出山。這一系列的精彩促銷，生動地展現了促銷策略的精髓。

諸葛亮認為他的目標消費者，應該是仁、賢、德、忍兼備的人，是有大志向的成大業者。於是諸葛亮在自我行銷的過程中，也對消費者劉備做了一番考察分析，以判斷劉備是否是最適合自己的客戶。諸葛亮之所以用崔州平試探、小童衝撞，還有諸葛均的無禮行為，乃至自己長睡不起的傲慢，都是為了檢驗世人對劉備的良好評價是否屬實。劉備三顧茅廬之後才慢條斯理現身，也是藉此考察劉備的仁德與決心。最後的堅辭不受，目的也是在試探。正所謂良才遇明主，在這一系列的考察後，諸葛亮全面掌握了劉備的特點，認為符合自己的目標要求，自己只有在劉備這裡才能施展才智，展現人生價值，終於決定出山相助。

第四章
一個好的行銷，能夠創造奇蹟

創意行銷，就是用創意帶來吸引力，讓客戶了解企業和產品，從而提高知名度，增加銷售額。一分投入十分收穫，這就是創意行銷的主旨所在。

定位受眾，創意的基礎與核心

一般是把資訊傳播的接收者稱作「受眾」。從宏觀上來看，「受眾」是一個巨大的集合體。從微觀上看，「受眾」展現為不同層次、不同類別的豐富多樣的人群。定位受眾，就是要選擇自身條件明確的客群為行銷和服務的對象，根據這些不同的年齡層次、教育程度、經濟狀況、欣賞品味、基本需要、集體傾向等受眾本身的情況，來確定品牌的行銷創意。而這種行銷創意，主要是引導或迎合消費者的心理，並以廣告創意的形式傳播給消費者，透過獨特的技術手法、巧妙的廣告構思以及大膽新奇的想法，富有創造力地表達品牌的銷售資訊，製造與眾不同的視聽效果，突出展現品牌的特性與內涵，最大限度地吸引消費者，促成購買行為，促進產品的銷售。

在企業行銷中，透過定位受眾來制定廣告創意，實質上就是在消費者心中樹立品牌形象。我們可以按照廣告定位的效應，將企業行銷分為四個等級：領導市場的先行者、模仿市場的跟隨者、弄潮市場的挑戰者和介入市場的尋位者。在當今名牌林立、資訊無阻的市場經濟大潮中，要想創造名牌，將自己的產品打入消費者的心中，就要不斷提高企業品牌廣告創意定位效應的等級。

♦廣告創意定位的基本原則

要想使廣告創意成功，就必須在一定的消費族群中，為自己的品牌找到一個恰當的位置。這就是廣告創意「定位受眾」的解釋，也是廣告定位受眾的一個基本原則。這並不是簡單地創造一些譁眾取寵、與眾不同的新奇，而是要運用智慧去連線消費者頭腦中那些或明或暗的意象碎片。要想把廣告做得成功，就必須在潛在客戶的腦海中，細心地連綴出一個鮮明的形象，這個唯你獨有的形象，就是只有你的產品才有的位置。這樣，你的產品就在受眾者的腦海中獲得了一個「根據地」。

♦研究受眾心理，明確廣告主題

了解了廣告創意的定位原理，就要進一步研究在廣告創意中應該如何表達產品的訴求，也就是廣告要向消費者「說什麼」，即廣告的主題定位。廣告設計者應該認真分析產品的效能特徵，最能滿足哪一類消費者哪方面的需求。此外還要進一步分析，這種產品是否還有其他屬性，由此判斷消費者最關心的是什麼？什麼樣的語言最能夠打動受眾的心靈，從而找到廣告創意的心理訴求點，以確定廣告的主題定位。

由於消費者的購買行為，受到消費者情感與心理活動的支配，所以在廣告創意的主題定位中，一定要首先研究受眾心理，因為人們的行為動機往往是一種內在的、不可捉摸的、神祕的心理活動。按照心理學中「刺激、認知」原理，廣告創意的客觀刺激完全可以使消費者在心理活動中對品牌產生主觀的認知，從而認同產品，產生購買欲望。

消費者的消費需求是受社會、經濟、心理等各種因素的影響，所以會呈現出千差萬別的狀態，但從總體上看，紛繁複雜的各種需求之間又普遍存在著共同的特性。廣告設計者就是要找出「受眾」這種遍存在的共性，為廣告創意進行恰當合理的主題定位。

♦廣告創意的定位失誤

準確理解受眾心理具有十分重要的意義，有利於廣告創意定位策略的制定。但在實際的操作中，許多廣告還是走向了失誤。主要有以下幾方面表現：

1. 貪大求全，抓不住要點

由於廣告的時間和空間極為有限，都想擠進更多的產品利益點。如為男女老少皆宜的滋補產品做廣告，就說「我們全家都愛吃」、「……溫暖全世界」等，這種定位就是貪大求全，廣告沒有抓住要點、沒有特色，消費者聽後無所適從，產生不了購買行為。越是想涉及所有的消費者，越是抓不住消費者，這種定位實際等於沒有定位。

2. 定位空間過於狹窄

與貪大求全相反，定位空間過於狹窄同樣也是失誤。許多企業希望在某個領域獨占鰲頭，以獲得最大的市場占有率，但是由於產品針對的消費族群過小，往往在行銷運作的廣告策略中，投放市場的效果並不明顯。如香菸品牌中的佼佼者「萬寶路」，是 1950 年代的產品。當時「萬寶路」是將自己的品牌定位為女性吸菸者，企業採取了一系列的促銷手段，但是由於女性吸菸者的規模數量本身就不太大，因而市場增長速度相當緩慢，結果「萬寶路」在 20 年裡都默默無聞。後來，「萬寶路」重新定位、擴大空間，把產品改為以男性消費者為主體，形象代言人定位為西部牛仔，這一策劃創意，使「萬寶路」一步步地走上了香菸王國的巔峰。

3. 定位搞錯消費者

許多企業在廣告定位中選錯了消費者。如在做洗髮精廣告時，出現這樣一個場景，畫面上的長髮女子滿臉笑容、一臉期待地在餐廳等待男友，可是男友一落座就皺眉道：「你有頭皮屑，真沒形象。」女子掃興地搖頭。畫面隨之轉換，改用 XX 洗髮精之後，女子開心地與男友親密交談，然後推出廣告產品 —— XX 洗髮精。

另外一個洗髮精廣告，在公共場所，青年男子緊挨長髮美女側坐，女子感覺良好，就將長髮輕輕地撩起，男子立即變臉，起身離座而去。字幕打出提問：「你今天洗頭了嗎？」

還有這樣一個廣告畫面，少女就自己的形象徵求男友意見，各種想法都被男友接受，而女子提出剪髮，男友斷然制止，接著打出語：「還是喜歡長髮的你，XX 人蔘洗髮露。」

這三則廣告共同的問題，就是搞錯了應該面對的消費族群，不應該將男性的欣賞角度作為廣告的訴求重點，卻把女性這個產品的真正消費族群放在次要位置。這就是不了解受眾心理而進行的傳播。

知識就是力量。在知識爆炸的時代，誰擁有先進的知識技能，誰就能夠占有市場的主動權。尤其對於廣告創意，更要運用知識的力量。在企業行銷中，廣告策劃絕不能脫離定位受眾的心理訴求，更要準確了解市場因素，才能避免出現定位不準的問題。在廣告創意的策劃中，一定要在認真分析受眾心理的過程中，恰當地確定廣告定位，才能取得廣告創意的最佳效果。

創意突破，展現產品的獨特魅力

傳統漢字文化何等神妙！所謂「一句話，百樣說」，就如同形容女人的美，只是說「美」，是絕對達不到震撼效果的。可是換作「沉魚落雁，閉月羞花」，美才擁有了更具體更強烈的震撼力。正如古代的晏殊表現富貴，從不「金」、「玉」、「富」、「貴」等直白的字眼，而是巧妙地轉換繞開，塑造「笙歌下樓臺」的畫面感，來表達富貴的氣象，雖然不直言富貴，卻分明就是富貴的效果，可謂不著一字，竟得風流。同樣的，要想形容一個產品有多麼地好，方式有很多種，但是平鋪直述最簡單卻最不可取。而創意的品味與樂趣就在於此，但是無論怎麼樣發揮想像力，轉換思維，都要圍繞主題，選準創意的要點，回歸品牌，突顯產品的賣點。

威廉·伯恩巴克（William Bernbach）是 20 世紀「創意革命」的三大旗手之一，他認為原創性、關聯性和震撼力是廣告創意的基本原則。在這三個基本原則中，產品與消費者之間的關聯性是至關重要的，但是卻很容易被忽視。在以消費者為行銷中心，以定位受眾為傳播導向的品牌時代，要想達到更好的廣告創意效果，就一定要理解、掌握、定位消費者的普遍心態，突顯產品的賣點。如果一家企業在行銷活動中，對廣告受眾的心理掌握不準，不能及時了解那些影響廣告受眾的心理因素，就找不到產品的賣點，無法使塑造的品牌形象發揮應有的市場效應。也就是說，在行銷活動中，如果廣告的創意與品牌的塑造和受眾全無關聯、缺少賣點，那麼不論多麼精彩，都必須捨棄。因此在行銷策劃產品廣告的時候，首先要根據產品的特徵和受眾的心理，合理定位廣告創意，突顯產品的賣點。

找到產品的賣點，也就是找到產品與其他品牌完全不同的獨特之處，這是成功行銷的關鍵所在。行銷人員要向消費者誇耀自家的產品好，就要明確表達出好在哪裡，與同類產品相比又有什麼獨特之處，什麼地方值得消費者去購買？這些問題的答案就是產品本身所獨具的特色，它在某些方面是獨一無二的，功效是青出於藍而勝於藍的，這就是產品的賣點。只有找準產品的賣點，企業行銷才能事半功倍。因此，廣告創意必須認真選擇和提煉產品的核心賣點。一種產品的核心賣點並不是孤立存在的，而是與企業的行銷策略、品類定位等因素密切相關的。這些行銷元素之間的邏輯關係，應是「行銷策略→品類定位→受眾定位→產品核心賣點→廣告創意」。也就是說，廣告創意是產品核心賣點的最終表達；核心賣點對應著定位受眾最有價值的需求；而定位受眾即消費客群的需求，又是產品生存與創新的基礎；企業的行銷策略必須與產品的定位相匹配。

要想選準賣點，就必須關注產品本身、消費者和競爭品牌之間的關聯。要盡可能展現出品牌的優勢、產品的優點。雖然有些賣點，乍看似乎與產品本身並沒有多大的關係。

◆針對受眾的需求，制定產品的賣點

消費者的每一種需求，都是消費者產生消費行為的內在動力，為各種消費活動提供源源不斷的能源。而廣告宣傳最主要的目的，就是要喚醒廣告受眾的消費需求，使其轉化為購買行為。從消費者完成購買行為的過程來看，消費者往往是以自我觀念為核心來做決定的。針對受眾的心理分析，廣告創意的定位策略主要包括需求心理策略和受眾認知心理策略。所謂的需求心理策略，就是對某類消費者的優勢需求和深層需要進行的廣告創意定位，也就是針對受眾的主觀需求來制定產品的賣點。目的是透過擴大消費者的需求和刺激消費，來促使品牌擁有更廣闊的市場空間。

◆根據受眾認知心理，制定產品的賣點

也就是在制定產品的賣點時，要遵照「樹立第一」的定位策略，來制定產品的賣點。由於人們對被稱為「第一」的事物，總是產生濃厚的興趣、留下良好的印象，所以要遵循

這種規律來制定產品的賣點，因為這是「序位效應」的心理學原理在發揮作用。在行銷中，就可以利用消費者的這種心理特徵，進行廣告創意定位。消費者總是以一類商品在市場中的排序位置，作為知覺線索來進行心理反應而留下記憶，所以他們總是記住某類商品中「最早」和「最好」的品牌。而消費者評價的標準，常常來自廣告因素，許多企業就透過廣告創意，樹立品牌「第一」和「最好」的市場形象。

♦以獨特的「品牌形象」為定位策略，制定產品的賣點

品牌形象定位策略在行銷中之所以重要，就在於它能夠以品牌名稱清晰地告訴市場，誰才是這種產品的消費者。所以一個品牌要想走向市場，首先就要確定誰才是自己的受眾。一種產品的廣告創意，如果不能使品牌在受眾心中占據「第一」的位置，那麼行銷人員不妨可以嘗試依據消費者的認知心理，把塑造獨特的「品牌形象」作為定位策略，來制定產品的賣點。別具一格的品牌名稱，能夠以自身所包含的形象價值，一瞬間被受眾所認知，從而使產品獲得持久的市場優勢。

♦參考「非可樂型」的定位策略，來制定產品的賣點

後來者想要躋身日漸成熟的市場，並從中獲取一定的市場銷售量，那就非得出奇招不可了。「非可樂型」的定位

策略，就是針對這種市場狀況而製作的心理策略。透過這種辦法制定產品的賣點，提供消費者一個與競爭對手相對立，而又全然不同的商品概念，從而引起受眾的注意，引導新的消費欲望，促使消費者完成購買行為。這種定位策略源於美國「七喜」飲料的廣告創意所制定的產品賣點。在當時飲料市場被可口可樂、百事可樂壟斷的情況下，「七喜」創造性地把飲料市場分為「可樂型」和「非可樂型」，「七喜」汽水的廣告詞是「七喜，非可樂」，七喜是以「非可樂型」的飲料形象打入美國市場，給消費者留下了極大的想像空間，很快確定了市場地位。這句簡單的廣告詞很快就說服了消費者，認定七喜汽水是可樂飲料之外的第一選擇。「七喜」以準確的廣告定位制定的產品賣點，使其銷量直線上升，打破了可樂飲料一統天下的局面，成功地站穩了腳跟。

通路革新，行銷通路的新境界

所謂通路，就是水流的溝渠、通道，如今被引入商業領域，引申為產品行銷的流通路線，指的是產品賣向社會網路不同區域的流向，所以通路也被稱作網路。企業的行銷網路有長通路和短通路之分。所謂通路創新，主要就是指短通路創新，越過傳統的級別代理，縮短了產品到達客戶的中間途徑，使產品幾乎可以直接面對消費者，從而獲取高額利潤。越來越多的企業在行銷中發現，在當今產品、價格乃至廣告同質化加劇的時代，要想依靠產品的獨立優勢來贏得市場，越來越難。正如整合行銷傳播理論的創始人唐·舒爾茨（Don Schultz）所言：在產品同質化的背景下，唯有「通路」和「傳播」才能產生差異化的競爭優勢。

在企業的市場行銷環境不斷變化，市場經濟越來越發達，企業競爭日益激烈的今天，重視行銷通路的管理與創新，是企業成功的一個非常重要的條件。新興的行銷通路往往會帶來全新的消費族群，也會直接產生成本優勢，節省產品成本 10% 至 15%。因而開拓新的行銷通路，不僅可以為廠商節省行銷成本，還可以為消費者提供購買便利，從而給企業帶來意想不到的價值回報。銷售通路已成為當前企業最為關注的行銷重心，日漸成為克敵致勝的武器。毫無疑問，21 世紀，是「通路為王」的新世紀。

♦破除通路創新的障礙

由於消費者的購物習慣在潛移默化中緩慢地變化著，所以對一種新的行銷通路，消費者一開始往往是很難接受的。正因為這種接受是一種漸變的過程，因而一個公司很難在較短時間內發現新通路。因為這種漸變的過程恰恰是從量的累積到質的成長，心急的行銷人員很難等到或發現質變的時刻。而且企業往往過分依賴中間商的回饋資訊，這樣一來，就會與最終的消費使用者存在一定的距離。而中間商向製造商所傳達的，往往是有利於鞏固自己利益的資訊。

更多的企業習慣延用傳統的批發零售模式，缺少挖掘行銷新通路的主動性。這種金字塔式多層次通路的效率很低。而管理者一旦建立行銷通路系統，就很少再去改動產品價格、宣傳廣告乃至市場調查機構，也不願修改促銷計畫、改變產品生產線，所以通路創新的最大障礙，往往來自企業內部的管理層。

如果企業僅僅依賴外部的行銷通路來傳遞市場資訊，忽視與消費者的合理接觸，完全專注於對行銷通路的控制與管理，一旦依靠中間商來建立行銷通路，企業就不能及時準確地了解消費者對產品的感受和意見，更不能與終端使用者直接溝通和接觸，以至於許多企業根本就無法準確掌握消費者的購買習慣。企業過度依靠中間商，就會缺乏對市場新興通路的敏感性。

♦通路創新的方向

時變則勢異。隨著市場環境的變化和市場的不斷細化，原有的行銷通路早已不適應市場競爭。對大多數企業來說，徹底改良現有的行銷通路，徹底跳出單一通路的束縛，採用多通路行銷策略，是有效提高市場占有率和行銷業績的重要手段。動態的市場變化，勢必引起商品流通通路各個環節的不斷變化。而通路本身的目標，就是要滿足消費者的服務需求。實際上，企業想發現和利用通路機遇，最有效的方法就是加強與終端使用者也就是消費者的接觸和了解，發現他們的心態、情感、需求和購買習慣。而消費者產生購買行為的特徵也在發生巨大的變化，當今消費者的購買動機更趨於理性，方便、快捷、高性價比，成為完成購買行為時選購商品的判斷依據。這種情形，正如美國哈佛大學的西奧多·李維特（Theodore Levitt）在所著的〈行銷短視症〉文章中所說：「根本沒有所謂的成長產業，只有消費者的需要，而消費者的需要隨時可能改變。」面對市場大潮的新情況，企業更應冷靜地分析現狀，正確認知自身通路的優劣勢，深入考察目標市場，結合自身特點，對已有的通路及時進行結構調整，隨時捕捉機遇，嘗試和探索新的行銷通路。

◆通路瘦身，提高效率

通路為王、通路致勝。但通路怎麼才能發揮更高的效率？要想保持行銷通路物流暢通，就要簡化批發商和代理商等中間層次。如越來越多的企業，引入了美國通用的行銷模式，直接建立專賣店，建立專營區域分銷網路，實現品牌行銷的差異化和簡潔化，以便消費者簡單明瞭而又快速地認識和選購產品。建立品牌專賣店，運用統一的形象設計，是品牌推廣的一個重要方法。它可以使成本降到最低，客戶的響應速度也會更快，容易掌控客戶的回饋資訊。透過通路瘦身，企業可以大大提高效率，提升競爭力和利潤率。

◆建立有序競爭，避免通路衝突

在市場開發初期，企業間的競爭很不規範，尤其是跨區供貨、低價競銷等非正當的競爭手段，造成通路衝突、相互殺價，使價格混亂，通路體系也遭受重創。因此建立通路之間的有序競爭，迴避相互衝突，是所有企業急需解決的問題。有人提出「通路生態系統」的概念，認為通路之間進行有序競爭，是建立健康有序的通路生態系統的前提。地理環境差異巨大，企業要認真規範競爭市場，提升通路成員的綜合素養，有效制約不規範的競爭行為，將內耗降為最低。為了從源頭遏制跨通路的惡性競爭，國外某汽車公司率先採取統一定價的行銷方式，在任何一個銷售網點，其產品一概實行統一售價。即使在運輸成本很高的偏遠地區，價格都保持一致。統一的定價，規避了通路之間的相互衝突，有利於企業建立規範的品牌行銷形象。

♦提高通路人員的專業素養

通路的效率如何，在相當程度上取決於通路行銷人員的素養。傳統的銷售人員是從國營事業僵化的體系中走出來的；從民營企業成長起來的行銷人員比較靈活，卻沒有受過專業培訓，自身的素養不高。如果行銷人員的服務品質得不到改善，必然對品牌效應產生負面影響，從而損害企業利益。因而企業要與經銷商之間建立長期的合作夥伴關係，使通路成員獲得長久成長，保持最佳的合作狀態。企業的通路管理人員，也應是品牌的諮商員，必須了解通路的源頭——企業的整體結構。

文字藝術，文字是最能發揮創意的東西

行銷文案是相對於硬性的廣告而言，是企業的策劃者督促文案人員撰寫的「文字廣告」，是一種有力的行銷方式。文案的精妙之處就在於一個「軟」字，收而不露、綿裡藏針，克敵於無形之中。文案之軟，就在於軟硬兼施、以柔克剛、內外兼修，所追求的是春風化雨、潤物無聲的傳播效果。文案可以提高企業知名度和品牌信譽，是企業宣傳非常實用的方法，能取得硬性廣告達不到的效果。正因為如此，企業常常策劃在報刊雜誌或DM、網路、手機簡訊等，刊登的純文字性的付費短文廣告、新聞報導、闡釋性文章、案例分析等，以提升企業的品牌形象和知名度。有些企業利用電臺廣播、電視臺以訪談、座談方式進行宣傳，也屬於文案範疇。文案之所以備受推崇，是因為電視媒體費用上漲、廣告效果下降，媒體對文案的收費比廣告低，文案的投入產出比高。所以，企業更願意以文案試水，以便快速啟動市場。

♦怎樣才能寫好文案

文案是品牌推廣的靈魂，可以將產品的資訊無形地鑲嵌在文章裡，廣告於無形。要想寫出好文案，必須具備良好的語言駕馭能力，敏銳地關注社會，同時對所推廣的產品也要有較深的理解。好的文案能使消費者在閱讀時學到知識，對所宣傳的產品留下一個好印象。要想寫好文案，首先要選準切入點。就是把需要宣傳的產品、品牌或服務專案，完整地嵌入文章中。好的切入點，能把軟性廣告做得精緻完美，使整篇文案渾然天成。其次要掌握和控制好文章的整體方向和走勢，巧妙設計文章結構，尤其要選富有強烈衝擊力的標題。進一步完善整體文字之後，就要反覆修改、潤色具體內容，使文案的內容更加豐富完美。寫好文案，還要注重與讀者進行心理互動和情感交流，讓讀者有親切感。文案也要具備一定的知識性和趣味性，讀起來生動有趣，具有閱讀價值。可以把文案當成知識傳播的載體或是幽默笑話的載體來寫，總之，文案一定要有看點，要能顯示出產品的價值所在。

♦文案的幾種形式

文案千變萬化，卻萬變不離其宗，主要有以下幾種：

▸ 懸念：就是提出設問，抖出核心問題，透過設問引起話題和關注，然後圍繞問題層層解答。例如，「為什麼她不再絕望？」、「高血脂，真的那樣難以治癒嗎？」等等，必須注意掌握火候，提出的問題要能抓住人的目光，答案也要符合常識，不能漏洞百出。

- 故事：在完整的故事情節中帶出產品，給消費者神祕的心理暗示，使產品產生「光環效應」，銷售就會成為必然。例如，「印第安人的祕密」、「1.2 億買不走的祕方」等。文案成功的關鍵在於故事要有知識性、趣味性與合理性。
- 情感：「情感行銷」是百試不爽的靈丹妙藥，文案中運用美好的情感表達，更能打動人心。情感文案最大的特色，就是很容易拉近距離，使產品迅速走進消費者的內心。
- 恐嚇：恐嚇性文案屬於反情感訴求，直擊人的軟肋——「類風溼，不死的癌症！」、「天啊，坐骨神經痛害死人！」等。恐嚇形成的效果，往往要比讚美更令人記憶深刻，但是也有時容易遭人反感，所以一定要掌握好分寸，千萬不要過火。
- 促銷：促銷文案常常跟進上述幾種文案，如「幫老婆搶購……」、「天吶，又斷貨了！工廠告急」等，可以用這種文案直接配合促銷，透過「比較心理」、「影響力效應」、「從眾心理」等多種因素，促使消費者產生購買欲。

- 新聞：就是所謂的「事件新聞體」，以新聞事件的手法，結合企業的自身條件寫文案，彷彿昨天剛剛發生的事件。寫這種文體要多與策劃溝通，不要天馬行空亂寫，以免造成負面影響。

以上幾種文案並不是孤立使用的，而是根據企業的整體規劃與策略，在推進過程中要靈活布局才能發揮更好的效果。

♦文案行銷優勢

大型新聞網站覆蓋面廣、轉載率高，每日的訪問量大得驚人，而高品質的文案，能在這些大型新聞網站獲得首頁展示的機會，可以獲得有效的轉載和高品質的網站導入連結，確保企業品牌關鍵詞能成為搜尋排行榜前幾名。網際網路媒體這種高效的傳播能力，是電視廣告都無法與之相媲美的。某入口網站將文案廣告定向傳播到網際網路的各個角落，反覆引導消費者，大大提高企業的品牌形象。如果企業在網路上出現負面資訊，該網站還可以透過設定關鍵詞和選擇，將負面資訊的排名有效推後或是刪除，而將正面的資訊顯現在搜尋引擎的前幾頁。由於該網站媒體資源非常龐大，所以在文案行銷中，大客戶也可以採用新聞通稿的模式，將文案一次性同時釋出到各新聞網路平臺。

♦關於文案的撰寫與釋出

如果需要高品質的文案，也可以找公關公司或專業記者及文案專業寫手撰寫。然後再連繫專業的發稿公司來釋出文案，發稿公司就會利用自身的媒體資源，將需要釋出的新聞稿件投放到各大媒體和新聞網站，使文案在數百家網站同時匯報出來。

♦文案的發展趨勢

在行銷詞典裡，文案占有很重要的位置。因為自 1990 年代的中後期至今，文案以較低的成本，曾經為很多的產品創造了市場奇蹟。所以在諸多產業裡，文案都是極受青睞的行銷利器。但是由於消費者的鑑別力不斷增強，對文案產生極強的免疫力，文案的功能也在逐漸喪失。許多產品用了幾個版面的文案，卻只接到零星幾個訂單，於是有人說，文案行銷時代已經結束。但是，細心的市場觀察人士卻發現，有些產品依然在依靠文案創造著銷售奇蹟，文案行銷的硬道理，就是要能讓消費者購買產品。

1999 至 2000 年是文案行銷的第一個高潮，各企業開始積極模仿；2002 年文案行銷開始進入另一個高潮，專業文案寫手及團隊浮出了水面。但是從 2003 年起，文案行銷走過了輝煌時期，進入了平穩階段。文案媒體也上漲到與硬廣告幾乎持平，文案只能創新。隨著網路的興盛以及方興未艾的娛樂文化，未來文案行銷的發展方向應該是「潛藏式的廣告」，就是把文案的功夫運用在行銷每個環節，類似於「重量級人物」式的軟性行銷，這將是企業行銷的未來發展趨勢。

案例：雀巢「笨 NANA」創意冰淇淋行銷

「笨 NANA」——這個很「萌」的名字，是香港上市的一款好吃又好玩的冰淇淋，不但外形神似香蕉，而且吃的時候也和香蕉一樣，要先剝了皮再吃。這樣的冰淇淋，恐怕誰見了都忍不住想來一根過過癮，尤其是年輕人和小朋友，這就是雀巢公司的奇思妙想，在 2012 年 2 月閃亮推出。這個創意十足的驚豔產品，一下子就成為冰淇淋產業的明星品牌。雀巢公司數位行銷部門經過周密的布局與運作，這款從外觀到名字都充滿了童趣、天真可愛的冰淇淋一推出市場，就獲得消費者極高的關注，在各大媒體中頻頻曝光，引起網友對「笨 NANA」的熱議，這也是拉動銷售的直接原因。雀巢大中華區冰淇淋發展經理奧利佛（Oliver Jakubowicz）說：「『笨 NANA，在雀巢大中華區的銷售中，成為排名第二的單品，僅次於 1978 年的已經推出的『八次方』冰淇淋。」奧利佛的這種說法非常準確地肯定了「笨 NANA」的同時，也極為巧妙地帶動了「八次方」冰淇淋，使人忍不住想再買一根，與「笨 NANA」一起品嘗。

◆「吃笨NANA是一種時尚」

雀巢公司及時追蹤使用者，深入了解消費者的反應。經過廣泛的調查發現，儘管「笨NANA」主要是面向7至12歲的青少年消費者，可是20至25歲這群剛剛長大的年輕人也非常喜歡「笨NANA」，而這些人恰恰是社交媒體上最活躍的人群。基於此，雀巢調整以往做電視廣告的行銷方式，換成互動性和參與性更加廣泛的數位行銷。從最初產品在香港上市的5個月前，雀巢就開始與奧美互動合作，雀巢在部落格上以趣味話題，來引導消費者對於「笨NANA」展開討論，並且還把「笨NANA」打造成一款時尚、趣味的美味產品，先在受眾的心中種下了期待的「種子」，進而刺激消費，使得網友本身成為「笨NANA」的「代言人」，帶動消費者主動傳播相關話題。正是網友在社會化的媒體上廣泛的討論，才引爆了「笨NANA」的銷售。

由於先前的曝光量已經達到一定的高度，隨之而來是冰淇淋的銷售旺季，雀巢很快就把行銷重心轉移到持續拉動網友參與。透過多元化的線上「社群軟體互動＋病毒影片＋話題炒作」等行銷手段，實現了品牌最大差異化的賣點。同時，還開展線上互動，使品牌迅速開啟市場，有效地刺激和提升銷量，這就是雀巢最新的行銷策略。奧利佛相信，他們會持之以恆地把「吃笨NANA是一種時尚」的這個行銷熱度延續下去。

♦與通訊軟體合作互動傳播

奧利佛認為，「通訊軟體有著龐大的使用者基數，活躍著大量的年輕使用者。」而這個族群也正是「笨 NANA」主要面向的消費族群。在與消費者接觸的過程中，雀巢發現上網的青少年大部分都玩智力遊戲，於是雀巢與通訊軟體合作，為孩子們創建了「笨 NANA 島」活動網站，通訊軟體不僅為「笨 NANA」訂製多款 flash 遊戲，同時還將已有的遊戲與「笨 NANA」相結合。如「笨 NANA 島」的「神奇遊戲」，把「笨 NANA」設定成可愛的小猴子在穿越叢林時的重要食物，使用者只要找到「笨 NANA」來餵食小猴子，小猴子就變得更「聰明」，學會很多穿越叢林的神奇魔術。孩子們在遊戲過程中，還可以將自己的遊戲體驗和成果，隨時分享在通訊軟體上，形成社會化媒體多平臺的互動傳播。

在另一款廣受歡迎的線上遊戲裡，「笨 NANA 小冰棒」的可愛形象也出現在遊戲中，成為玩家角色最熱愛的「美食」。消費者還可以領取「笨 NANA 小冰棒」，來兌換「笨 NANA 禮包」。「笨 NANA」巧妙地植入簡單有趣的遊戲情節，一上線就吸引眾多的使用者參與。不僅如此，雀巢還透過在網路上徵集方案的活動，吸引網友參與「笨 NANA」產品下一年度的方案設計活動，以加強與網友的互動關係。如何才能加強與使用者之間的黏性，透過網路互動更好地擴大「笨 NANA」的影響力？這是雀巢探索和努力的下一個方向。

◆細緻的推廣計畫

「笨 NANA」之所以能夠取得令人傾慕的成績，是因為雀巢從一開始就確定了細緻的推廣計畫。這款產品最早是在泰國研發的，設計初衷是為了兒童研發一種好玩的冰淇淋。但市場調查顯示，無論在泰國還是香港地區，有很多的年輕人也非常喜歡這款產品，於是雀巢決定將其引入大中華區。在上市前 5 個月，雀巢與奧美簽訂了行銷合作協定，行銷傳播主題定為「雀巢笨 NANA 為你揭開神奇樂趣」。奧美互動對「笨 NANA」這種像香蕉一樣獨特的產品特性，和可以剝開吃的新奇感，進行充分的發揮和演繹。確定最終的傳播目標是「讓晒笨 NANA 成為一種新時尚，讓使用者成為雀巢笨 NANA 的代言人。」

「笨 NANA」成功的關鍵在於產品的新奇有趣性，贏得大家的關注，誰都樂意分享，傳播起來就非常容易。「笨 NANA」首先確立了與眾不同、好吃好玩的產品定位，加上「像香蕉一樣剝開吃的冰淇淋」新奇的賣點，更能激起年輕人追求新鮮、時尚、好玩、樂於分享的消費心理，這為後續的品牌傳播與推廣奠定了很好的基礎。年輕人喜歡新鮮事物，更相信口碑傳播，透過網際網路和手機使用者，數位媒體引導推動更多使用者成為雀巢「笨 NANA」的代言人，並以遊戲的方式與兒童族群溝通，有效地帶動實體銷售，形成「線上實體緊密融合＋核心受眾高度契合＋全媒體融合廣泛覆蓋」，這些因素都在推動著「笨 NANA」取得良好的成績。

第五章
傾聽，從「我想賣」到「他想買」

不要賣你能生產或想生產的產品，而要賣客戶需要的、想買的產品，變「我想賣」為「他想買」。因為客戶的需求就是商機，就是市場，就是企業生存與發展的關鍵之所在，誰真正將客戶放在第一位，千方百計圍繞客戶的需求做文章，誰就能得到豐厚的經營回報。

洞察內心，了解客戶的真實需求

♦消費者買的是感覺

在買與賣的行銷過程中，消費者買的到底是什麼呢？答案其實就是兩個字：感覺。人們在決定買不買某一件商品的時候，通常會有一個決定性的力量在支配著購買行動，這種力量就是感覺。感覺這種東西雖然看不見、摸不到，卻是實實在在影響著人們行為的關鍵因素，這種因素，是人與人在相互交流中形成的環境氛圍，是買方與賣方互動形成的一種綜合體。就像你看中了一套上等西裝，價格、款式、材質各方面你都感到很滿意。可是銷售員卻對你很不尊重，就會讓你感到很不舒服，那麼你還會購買嗎？如果把同一套西裝擺放在菜市場屠戶旁邊的地攤上，你會不會想去購買呢？這就是「感覺」在行銷中的微妙作用。企業、產品、環境、語言、語調、肢體動作以及買賣雙方，都會影響客戶在購買中的「感覺」。因而企業在整個銷售過程中，一定要為客戶營造一個良好的感覺。找到了這種感覺，那麼你也就找到開啟客戶錢包的「鑰匙」了。要想成功行銷，首先就要把與客戶見面的整個過程的感覺營造好。

♦行銷人員賣的是好處

所謂好處，就是商品能帶給消費者什麼樣的價值與利益；行銷的產品能幫助客戶減少或避免什麼樣麻煩和痛苦。要知道，客戶永遠都不會因為產品本身而購買產品，客戶所購買的，就是要透過這個產品或服務，能帶給他本人的那些好處。這就是為什麼說，三流的銷售人員販賣的是產品本身，一流的銷售人員賣的是產品可能帶來的好處。對消費者來講，消費者只有了解產品到底能帶給自己什麼樣的好處，能夠避免怎樣的麻煩，才會掏錢購買。所以，一流的銷售人員會把推銷的焦點轉移在客戶能獲得怎樣的好處上，當客戶透過產品或服務，獲得了實在的利益時，消費者就會心甘情願地把錢放到銷售人員的口袋裡，而且還會滿心歡喜地說：「謝謝你。」

♦在面對面的銷售中，客戶心中在想什麼？

在與客戶面對面的行銷過程中，你是否知道，他們的心中到底在想什麼呢？天南地北形形色色的客戶，面對行銷人員，心中所想的不外乎這六大問題，而客戶不一定會明確地問出來，但他的潛意識裡都會這樣想。當客戶在第一次看到你時，他的第一反應就是「你是誰，這個人我並沒見過，他為什麼會微笑著向我走來？」在得知你是一名行銷人員後，接下來的問題就是「你要向我推銷什麼？」當你介紹完產品情況後，客戶最關心的是這個問題——你的產品對我有什麼用處，好處在哪裡？假如客戶認為這個產品對他沒什麼好處，甚至沒什麼用處時，就不會再聽下去了，因為每個人的耐心都是有限的，他更願意選擇去做那些對自己有好處的事情。所以在與客戶談這個問題的時候，行銷人員一定更要講究技巧、掌握火候，千萬不要引起客戶反感。當你說服客戶，讓他覺得你的產品確實能帶來好處，接下來，客戶顧慮的問題是：如何證明你講的是事實，你是不是在騙我呢？當你費盡心思得到客戶的信任時，接下來的兩個尤為關鍵的問題就出現了：為什麼我要跟你買，其他地方有沒有更好的，那麼其他人會不會賣得更便宜？以及為什麼我要現在就要跟你買，我可不可以明天再買，或是下個月再買呢？

所以，要想推銷即刻生效，就一定要有足夠的理由說服對方，讓他知道現在買的好處在哪裡？如果不買他會損失什麼？也就是說，在拜訪客戶之前，首先要解決這些問題，把這些問題的答案設計好，給客戶足夠的理由，他才會購買自己認為最好也最合適的商品。

♦怎樣的售後服務才能讓客戶感動

在購買結束之後，產品的售後服務往往影響客戶是否會有下一次購買行為，也會影響產品的口碑和行銷的成功。售後服務該怎樣做才能讓客戶更滿意呢？這就需要了解，什麼才是服務？其實很簡單——關心就是服務。有些銷售人員的服務給客戶留下了假關心、有目的的關心的印象，試想，如果有人願意用這種「有目的的假關心」為你服務，那你是否願意呢？所以，只有那些讓客戶感動的服務，才會產生更大的、更有效的作用。

一般來說，有三種服務會讓客戶感動：

1. 主動幫助客戶拓展事業。因為現實中雖然人們不會輕易接受別人的推銷，但卻沒有人能夠拒絕別人幫助自己拓展事業。

2. 誠懇關心客戶及其家人。沒人喜歡直白的推銷，但是卻很少有人會拒絕別人對自己及家人的誠懇關心。

3. 誠心誠意做與產品本身無關的服務。如果服務與產品相關聯，就算你做得再好，客戶也會認為那是應該的。可是你的服務與產品本身並無關係，那他就會認為你是在真的關心他，所以會更容易讓他感動。

♦競爭對手搶不走的客戶

行銷人員必須給自己一個明確的定位，知道自己的工作主要是做什麼。要在心中告訴自己說：我是一個為客戶提供服務的人，我所提供的服務品質，是跟我生命的品質與個人成就成正比的。如果我沒有誠懇關心客戶，沒有向客戶提供優質滿意的服務，那麼我的競爭對手會非常樂意代勞。在這種服務理念的引導下，行銷中的售前與售後服務人員，就會調整心態、客戶至上，踏實地做好自己的服務工作。

服務工作包括三個層次，即份內必須完成的服務、可做可不做的邊緣服務和與銷售完全無關的服務。如果你把自己和公司要求應該做的都做到了，客戶會認為你和你的公司還不錯；如果你連可做可不做的邊緣服務也做到了，客戶會認為你和你的公司相當好；如果連與銷售無關的服務你都做到了，客戶就會認為你和你的公司，不但在商場上是合作的夥伴，還願意與你交朋友；如果建立這樣的人情關係，那麼你的客戶資源是競爭對手搶都搶不走的。

♦如何向客戶介紹產品

1. 不貶低競爭對手。如果你想透過在客戶面前貶低對手，達到成功推銷自己產品的目的，此時，恰巧客戶與競爭對手有某些關係，或者他和他的朋友正在使用競爭對手的產品，而他們認為其產品非常不錯，那麼你的貶低就等於在說他們沒有眼光、正在犯錯，所以他一聽到就會立即產生反感。所以千萬不要隨便貶低你的競爭對手，特別是當競爭對手的產品市占率或銷售成績還不錯時，不切實際地貶低競爭對手，只會讓客戶覺得你不可信賴。因為對方如果真的做得不好，又如何能成為你的競爭對手呢？你極力地貶低對手，客戶就會認為你自信不足或是品質有問題。

2. 拿自己產品的優勢與對手產品的弱點進行客觀的比較。俗話說「貨比三家」，任何一種貨品，都會有自身的優點和缺點，所以在做產品介紹時，你完全可以舉出自己產品的三大強項，與對手產品的三大弱項進行比較，即使同等級的產品，只要被你這樣客觀地一一對比，好壞高低立即就顯現出來了。

3. 亮出產品的獨特賣點。所謂的「獨特賣點」，就是只有你的產品具備，而競爭對手的產品並沒有的獨特優勢。正如每個人都有獨特的個性一樣，任何一種產品，也都擁有自己獨特的賣點，如果在介紹產品時，能夠突出地強調這些獨特賣點的重要性，就能為你最終能成功銷售增加不少勝算。

建立客戶對產品的忠誠度

現在的消費者，不僅重視產品本身帶給他們的利益，更重視在購買消費產品的過程中，獲得符合自己意願和情趣喜好的特定體驗。在產品功能大致相同的條件下，體驗則成為產品關鍵價值的決定因素，成為消費者做出購買決策的依據和理由，「因為我高興，所以我才買」。與過去不同，消費者對純體驗性的消費需求日增，所謂「花錢買高興」，已經成為一種消費時尚，人們用於休閒、娛樂等方面的開支也不斷擴大。如今的消費者變得越來越感性，追求個性化、情感化消費，需求的重點已由追求實用性轉向追求體驗性。

要想讓客戶對企業行銷的產品，建立一種持久的忠誠度，只有不斷生產出消費者真正需要的產品，才可能獲得客戶對品牌的忠誠。也就是說，要想牢牢地吸引消費者購買產品，最有效的方式就是要不斷地生產各種產品，以滿足消費者的需求。但是在大多數消費者已經滿足了基本需求之後，或者說在同質化的品牌時代，就需要進一步滿足客戶對於商品體驗的需求，品牌才會產生更高的溢價。也只有充分地滿足消費者的個性化需求，消費者才能對其他商品的誘惑產生抵抗力。所以，應該將企業行銷的重點，從商品的生產設計轉移到如何為客戶創造一種完美的體驗上。美好的體驗可以為客戶造成一種良性循環，企業應把每一類消費者都看成擁有獨特個性的人，滿足他們的個性化需要，就會與消費者在情感上達到交融，拉近產品與消費者之間的距離。

♦透過互動為產品增添參與樂趣

一個好的產品，如果不能讓消費者參與有效的互動，就無法讓消費者及時體驗到產品的真正價值所在，又怎麼能在消費者的內心引起情感共鳴呢？因而時下正在流行「互動」，諸如「網路互動」、「互動遊戲」、「互動之星」等，可謂比比皆是。不可否認，大眾傳播已從曾經的「皮下注射論」發展到如今的「互動」階段。市場行銷也從過去企業生產出產品，再進行宣傳，並發起行銷活動，消費者只是被動地選擇接受資訊、購買產品的方式，走向了消費者直接參與企業「互動」的新時代。那麼究竟何為「互動」，「互動」又有那些好處呢？

伴隨著日益激烈的市場競爭，消費者的消費行為也越來越表現出個性化、情感化等偏好。消費者已從過去注重產品本身的品質功能，逐漸轉變為注重使用產品時內心的情緒感受，對產品個性化的服務需求越來越高。同時，消費者在接受產品及服務時，「非從眾」心理和直接參與的需求也日益增強，更相信自己的判斷和感覺。這使得消費者更加關注在使用消費產品過程中的互動感受。所以那些主動請消費者參與互動的產品行銷，受到更多消費者的歡迎，所以自助餐、自助旅遊、DIY 潮流等大受歡迎、大行其道，消費者的參與熱情也分外高漲。

♦透過溫暖的情感建立產品忠誠度

面對琳瑯滿目的同質化產品，消費者選擇的機會太多，理智的天平就會傾向於感性。而美好的體驗，是可以增強消費者對品牌認知和好感，彰顯服務價值和形象價值，從而賦予獨特的魅力，與消費者建立牢固的情感連繫。美麗產生動力，而且越來越多的企業，已經開始關注和應用這種動力，利用這種「美麗經濟」開源生財。「美麗價值」，實際上就是一種「情感價值」，能夠喚起人們心中那些美好的感覺。

當然，也可以把消費者滿足自身這種「情感需求」的本身，當作是「理智」做出決定過程中的一部分。因為人們在實現購買動機的行動中，其實心中往往只有簡單的想法，「如果我買下了，滿足了某種情感，會得到怎樣的結果？」或是「如果不買，某種情感需求得不到滿足，結果又會怎樣？」這是理智的思考過程，也就是說，消費者在做出決定的那個瞬間是理智的，因為情感得不到滿足的結果就是沮喪，如果心情很不好、甚至產生壞情緒，就可能影響人的注意力，甚至茶飯不思、惶惶不可終日。如果說消費者是「感情用事」，可能有些人並不同意。的確，過去的行銷就是「以理服人」，而今天的行銷，雖是以理為基礎，還要「以情動人」。大多數的消費者都很「通情達理」，但是需要注意的是「通情」在先，「達理」在後，更何況滿足情感需求的本身，也是理智思維的結果。在過剩經濟的時代，冷冰冰的產品是不會說話的，只憑產品品質已經無法打動消費者的心了。但是如果附上了溫暖的情感因素，情況就會大不一樣！

♦DIY 時代，展現消費者的個性

在全球市場充斥同質化商品的今天，人們已經從被動接受企業的商品中超越，進而主動參與產品的設計與製造。消費者越來越希望企業能夠按照消費者的生活意識和消費需求，來開發那些讓他們能夠產生共鳴的「生活共感型」產品。在這個過程中，消費者可以充分地發揮自身的想像力和創造力，熱情主動地參與產品的設計、製造和加工，透過創造性的消費，展現消費者獨特的自身價值與個性，從中獲得更大的成就感、滿足感。正是這種消費理念，催生了充滿個性化、以獨一無二為時尚的 DIY 的誕生。在這個的時代裡，

個性就是時尚一族的追求，於是 DIY 順理成章成為現代生活的新時尚。

作為全新的一種生活態度，DIY 在歐美國家風靡已久。參與 DIY，也已從最早的「組裝電腦」，滲透到年輕人生活的各方面：DIY 服裝、DIY 飾品，甚至還有 DIY 家居裝飾。DIY 就是自己動手，每個人都可以自己做，因此 DIY 物品充溢著不可複製的個性，代表主人獨特的審美觀。

♦互動電視娛樂專案的興起

「互動」電視，就是消費者可以在數位有線電視的節目單上，根據自己的喜好點播節目，改變過去那種電視臺播什麼，觀眾就得看什麼的被動局面，想看什麼節目，想什麼時候看，完全由消費者自己選擇，由自己的喜好而定。電視互動娛樂，就是指把電腦、電視和電話結合起來，電腦成為電視節目的播出伺服器，再將節目透過有線頻道播出來，讓消費者參與這個互動過程，消費者即可控制播出伺服器，在家中的電視機上收看自己點播的節目，從而實現雙向互動娛樂。節目類型包括音樂、動畫、影視、綜藝娛樂、網路流行 Flash 等各種時尚流行內容。

而最早的互動遊戲，則是利用電腦裝置，為有線電視臺開展的一種全新的增值商務模式。遊戲的過程是當使用者撥通了遊戲熱線之後，在語音提示下進入遊戲現場，再透過電話的按鍵進行指令輸入，電視就會輸出遊戲畫面。還可以 2 至 4 人同時進行遊戲，因此這種互動遊戲系統使營運商的收益空間更為廣闊。消費者足不出戶，就可以透過一部普通的電話，參與充滿了新奇樂趣的互動遊戲，融入休閒、輕鬆的電子遊戲世界。

早期的互動娛樂遊戲還包括互動猜謎、簡訊遊戲輕鬆玩、簡訊中大獎等趣味互動，海量題庫囊括天文、地理、文化、藝術等各個方面，系統可以對答題自動判斷對錯、積分排名，獲得相應獎項，鼓勵消費者參與。

無論是自助餐、自助遊、互動電視還是 DIY，本質上都洋溢著濃烈的個性色彩。在產品使用的過程中，消費者的參與互動，促成了人與產品之間的情感交融，產品一旦與消費者形成互動關係，消費者會被完全吸引，使其在產品互動過程中產生情感觸動，從而激發消費者的消費意願，這就是「DIY 時代」，消費者個性化的完美展示。

「賣點」不一定等於「買點」

「賣點」一詞，早已成為現代市場經濟環境中的焦點。儘管對於「賣點」的概念，有無數學者給出各種定義，但是在經濟領域的實際應用中，卻總是很難準確掌握。產品的賣點，是企業市場行銷的前哨戰，也是品牌行銷的突破口，通俗地說就是一個強而有力的消費理由。在一般情況下，賣點要比廣告詞出現的更早，而它的光輝常常與廣告詞融為一體。賣點也可以理解為商品本身所具備的與眾不同、別出心裁的特別之處。這些特點與特色，凝結著行銷策劃人的創意和想像力，使產品在行銷策略戰術中能夠為消費者認同接受和購買，達到產品暢銷、建立品牌的目的。因而如何為產品尋找、發掘和提煉賣點，已是現代行銷學、廣告學、公關學中的常識，隨時掛在企業行銷主管策劃人的嘴邊。

「買點」就是消費者決定購買產品那一刻的想法，如「我要買什麼等級的產品」，什麼品牌、什麼價位、什麼包裝、什麼品質，甚至連產品的具體數據和參數，消費者在購買之前都會有自己的想法和選擇標準。也就是說，每一個消費者都以自己心裡的天平，去衡量一個品牌一種服務，對其都會有一個心理預期。這個預期通常就是產品的買點。只有當產品從價格、品質、款式、服務，到付款、交貨的方式、期限等方面，都達到消費者預期的設想時，才會達成一次成功的交易。也就是說，當賣點與買點達到高度契合，才能順利完成買賣。

挖掘賣點是企業行銷的重要工作之一，因為賣點決定著是否能把產品變成商品，與消費者的買點相吻合，從而實現貨幣的交換，使產品透過各個行銷環節，順利地交到客戶的手中。所以行銷專家和主管經理非常重視關於賣點建立和賣點的布局。但往往事與願違，常會出現一個奇怪的現象，產品的賣點和形象都很好，客戶卻不買單，致使交易中的買點非常少。企業花費了很大力氣和心思，做出的賣點為什麼就不能順利地讓客戶買單呢？原因是多方面的，有些甚至是很微小、與產品本身關係不大，卻有著重要的作用，不能不引起重視。

♦非產品因素造成的行銷不暢

例如，在同一區域內有兩家規模相當的超市，它們的連鎖店同樣都是開在工業區附近，主要的客戶大都是工廠的工人。兩家企業的連鎖店在商圈裡幾乎都是比鄰的。商品的售價上卻基本一致，不分伯仲。甲超市總是窗明几淨、燈火輝煌，無論從陳列的商品擺放上，還是店面布局的規劃上，甚至店鋪的招牌、應徵的店員等方面，都比乙超市更符合產業標準。但是偏偏在客流量上，甲超市竟然遠遠不如乙超市，令人非常費解。按道理來說，規範化的陳列、美觀實用的店面設計、亮眼的招牌、標準的服務，都是甲超市競爭的優勢賣點，但是這些賣點為什麼沒能換來業績優勢呢？在深入觀察後發現，問題出在了兩家公司所面對的幾乎相同的消費者上。因為連鎖店是開在工業區，絕大多數客戶都是普通的工人，對於店面的規範性並不在乎，甚至不認可。可以說，甲超市的賣點並沒有與客戶的買點相吻合。因為以工人樸素的邏輯分析，認為店面弄得富麗堂皇是羊毛出在羊身上，意味著商品貴。而且時常穿著油膩的工作服購物，還不好意思踏上超市光潔的地板。這種影響消費者買點的因素雖然並不在企業產品的本身，卻制約企業行銷業績的提升。

♦了解買點，才能保證賣點的吻合

在市場行銷中，要想賣出商品，就要以買方客戶為中心。產品的賣點必須契合消費者的買點，消費者才會買你的帳。所以，在激烈的市場競爭中，我們要以客戶為中心，認真研究消費者的「買點」，才能順利進行銷售。當產品的賣點如果吻合了消費者的買點，那麼企業又何愁產品賣不出去？

如果一種商品能讓消費者一眼相中，毫不猶豫地掏錢購買，這就是商品的賣點與客戶的買點最好的結合。

當然，企業的行銷人員都明白，消費者的需求是存在不同層次的，當一個層次的需求得到了滿足時，消費者的需求就會向更深的層次發展。如 Mp3 播放器，最初以其體積小、攜帶方便、使用成本低的特點，很快就淘汰了 CD 播放器。可是當 Mp3 播放器開始普及的時候，消費者又期望擁有更大容量的 Mp3 播放器，可以隨身攜帶更多歌曲，期望得到更酷也更時尚的音樂體驗，於是 iPod 應運而生。消費者這種潛在的心理需求，就是客戶的買點。其他諸如健康、時尚、新潮、美麗、精緻、尊貴、愛心、豪華、酷等諸多元素，也都成為消費者在更深層次的消費買點，因而也都是企業發掘商品買點的切入點。

♦有效掌握消費者的隱性買點

在現實世界中，很少人願意說出自己真實的購買動機，特別是那些被認為與個人隱私有關係的購買動機。如果能深入了解這些潛在消費者的購買意願，辨識這些隱性客戶的購買需求，並恰當而有效地掌握和發掘這些客觀存在的隱性買點，實際上就等於掌握了銷售成功要素，在激烈市場競爭中，就能夠發掘出屬於自己的一席之地。那麼在市場競爭中，又如何尋找和掌握這些隱性買點呢？

1. 尋找隱性買點

隱性買點是與人的隱私有關聯的一種購買動機，因此，銷售人員不可能直接獲知，只能在判斷推測中想辦法進行驗證。行銷人員若想全面了解和認知消費者的購買動機，是一件相當有難度的事情，但是如果不能準確掌握隱性買點，就很難掌握商機，所以對於行銷人員來說，尋找隱性買點的經驗和技能就顯得特別重要。行銷人員可以從推測此類消費者動機的思維中掌握脈絡，沿著隱私的出發點尋找和判斷某種行為傾向，還要看這個行為是否能帶來某種利益，並要了解帶來這種利益的關鍵因素是什麼。如果在所處的具體情景中「合情合理」，那麼，這些因素就可能是隱性買點。在此基礎上，行銷人員還應針對具體情況進一步調查分析，以證實隱性買點的正確性。

2. 掌握隱性買點

商品的買點和賣點，是決定消費者購買傾向的兩個要素，對於任何客戶來說，商品的買點和賣點可以是相同的，也可以是不同的。而買點又有隱性和顯性之分，對於隱性買點的辨識和掌握，是行銷工作中不可避免的重要市場競爭策略，而隱性買點的尋找和掌握，也是有一定的規律和方法可循的。但是行銷人員所推測的隱性買點，並不一定就是真實客觀存在，所以行銷人員必須加以驗證才能掌握。

人的態度是為心理功能服務的，所以人的態度常常取決於所意識到的利害關係。人們對關乎自身利益的事情，往往會更注意、更關心。行銷人員可以充分利用這一規律，來掌握消費者心中的真正隱性買點。行銷人員在與這些消費者溝通互動時，可以將可能存在的隱性買點委婉地表達出來，再根據消費者的反應和注意力，來驗證和掌握這些隱性買點的真實性。在溝通互動中，尤其要留意消費者非語言性的表達，包括聲音、表情、肢體動作等，這些動作語言往往更能表達一個人內心的真實想法，所以行銷人員更應充分觀察和仔細揣摩。為了掌握住真正的隱性買點，行銷人員還可以在一段時間後再次與消費者溝通和互動，以「黃金沉默」的基本方式進一步觀察。如果得出的結論與先前談過的內容大概一致，就說明已經掌握了隱性買點的真實性。

♦買點和賣點齊抓

一個人的買點，就是他「非常在意和希望獲得的東西」，而商品的賣點，就是大家的認可點。如果都以人來表述，那麼就可以說：一個人的買點往往是從私的，理性的；而一個人的賣點則是從公的，感性的。所以在決定購買的行為過程中，每個人都是為了滿足自己的願望而購買，卻並不是因為行銷人員充足的理由而購買。所以若是想和客戶達成協定，就要先考慮他的買點，也就是他的私人需求是什麼。

如果你能較好地滿足了他的私人需求，那麼在從「公」的方面，只要建立了好的感情，細節可以再商量。所以精明的生意人在做交易時，首先考慮的並不是賺取金錢，而是要獲得人心。因為，唯有「同流」之後，才能進行交流。

有些購買行為只要自己滿意就可以了，而有些購買行為，不但要自己滿意，還必須考慮別人的想法。也就是說，了解了買點的同時再抓住賣點，這樣展開的行銷業務就很容易成功。當然，有很多客戶的買點往往是隱藏的，可能是從為私為我的角度出發的，有些甚至是沒法說出口的。如果想要行銷成功，就必須猜透消費者那些沒法說出來的想法。如一個公司想購入汽車，究竟買什麼樣的車好呢？如果站在使用者的角度，如司機、辦公室主任，或者某個副總，他一定會認為買賓士好。因為賓士象徵著威嚴，是成功者的象徵。但是賓士是耗油大戶，如果油錢要自掏腰包，猜想誰都不會主張買賓士，而會優先考慮買一輛省油的車。這個大家心知肚明卻誰都沒說出來的理由，就是油錢不用自己付。所以這就是一個不能說出來的買點 —— 不用自己付油錢。而賣點 —— 買賓士可以顯示公司形象，是公眾一致同意的理由。此時，買點和賣點達到了吻合統一，所以這筆生意也就順利地做成了。通俗地講，「買點」是以私為先，要講求利益；而賣點是光明正大、理直氣壯的，要得到公眾的承認和支持。

成交溝通，縮短成交距離的技巧

銷售是一門語言的藝術。銷售的核心智慧，就是銷售者以誘導人心的話語使消費者完成購買行為。過人的銷售技巧，實際上就是過人的語言藝術，因為它不僅要求銷售人員擁有洞悉人心的敏銳的觀察力，更要有動搖客戶內心的語言表達能力。一個成功的業務員，從他們的口中說出來的話語就像一雙溫暖柔軟的手，能撫摸客戶心靈深處那個最柔軟的地方。在行銷活動中，每一件產品的銷售，不僅需要產品本身擁有優良的品質，更需要行銷人員注入靈活智慧的語言藝術，才能開拓一片成功的疆土。學會說話，不僅是生活中各個領域、各個角落形形色色的人物，都需具備的溝通技巧，更應該成為行銷人員的基本功。

然而，行銷活動中，大部分的語言溝通實際上並不集中於話語解說，而集中在成交的時候，或者面臨拒絕之時應該如何反應。可是大多數的銷售人員都困惑在此，並不知道如何整合自己的話語。應在熟練的背誦後，再稍加一些個性化的口語就可以使用了。但是話語本身並非如此的簡單，它需要我們擁有良好的系統性思維。下面介紹的十大強勢成交話語，是經過專業人士整理後，又經過無數實踐驗證的，儘管話術非常簡單，卻給很多行銷人員帶來深遠的影響。

1.「我要考慮一下」成交話語

在行銷互動中，如果客戶說「我要考慮一下」，那麼我們可以用這樣的話語來應對：「XX 先生或 XX 小姐，很明顯，你不會花一點時間再考慮這個產品，除非你對我們的產品真的感興趣，是這樣嗎？我想說的意思是，你告訴我說要考慮一下，該不會只為了躲開我吧？因此我不妨假設，你真的會考慮一下，那麼可不可以讓我知道，你要考慮的到底會是什麼呢？是產品的品質，還是售後服務？還是我剛才漏講了什麼？老實說，該不會是因為價格的問題吧？」

2.「鮑爾」（Colin Powell）成交話語

如果客戶很喜歡某個產品，卻在習慣性拖延著，遲遲不肯做出購買決定時，我們不妨試一試這一話語：「美國前國務卿鮑爾說過，他說拖延一項決定，要比不做決定或做錯誤的決定讓美國損失更大。我們現在討論的不就是一項決定嗎？假如你說『不是』，沒有任何事情會改變，明天將會跟今天沒什麼區別。假如你現在說『是』，那又會如何？很顯然，說『好』要比說『不好』更有好處，你說是嗎？」

3.「不景氣」成交話語

客戶如果談到最近市場不景氣，可能導致不做購買決策時，你可以嘗試這個話語：「XX 先生（女士），多年前我學到這樣的人生道理：成功者在購買時，別人往往都在拋售；而當別人都在買進時，成功者卻在賣出。最近很多人都在談市場不景氣，而我們公司卻排除了這種不景氣的困擾，你知道為什麼嗎？因為那些擁有財富的人，大多都是在不景氣的時候建立事業的基礎。他們總是看到未來和長期發展的機會，而不是短期的困難。他們做出了購買決策，所以成功了。XX 先生，你現在也有同樣的機會做出相同的決定，你不願意嗎？」

4.「不在預算內」成交話語

當消費者（決策者）以自己的公司沒有足夠預算作為理由，想要拖延成交或壓價時，你可以用這樣的話語應對：「XX 經理，我完全理解你的話，任何管理完善的公司都會仔細編制預算。預算是引導公司達成目標的工具，但工具本身需要有彈性，你說是嗎？假如我們今天討論的這項產品，能夠幫你的公司擁有長期的競爭力，可以帶來直接的利潤，那麼作為一個公司的決策人，XX 經理，你更願意被預算控制呢，還是由您來主控預算？」

5.「殺價消費者」成交話語

當消費者習慣性對你的優質產品殺價，你可以這樣對他說：「XX 先生，我理解你的想法，一般消費者在選擇產品時，都會注意三件事：產品的品質、優良的售後服務和最低的價格。但是在現實中，我卻從來沒有見過哪一家公司，能同時提供給消費者最優秀的品質、最優良的售後服務和最低的價格。因為同時擁有這三項條件是不太可能的，就好比賓士汽車不可能賣福特的價格。所以你願意選擇我們的產品，還是更願意犧牲產品的優秀品質，以及我們公司優良的售後服務呢？有時候多投資一點，你就能得到真正想要的東西，多花一點錢是不是很值得？您看我們什麼時候開始送貨呢？

6.「No Close」成交話語

當客戶因為某些問題說：「No Close」你可以如此應對：「XX 先生，一定曾經有許多業務員以足夠理由和足夠的自信，說服你購買他們的產品，你當然可以對所有的業務員說『不』。但是我的工作經歷告訴我一個事實，沒有人會向我說『不』，因為當客戶對我說『不』的時候，其實他並不是在向我說，而是向自己馬上就要到來的幸福和快樂說『不』。如果有一項產品，客戶真的很想擁有它，你不會讓客戶因為一些微小的問題而找藉口對你說『不』，對嗎？所以今天我也不會讓你對我說『不』。」

7. 不可抗拒成交話語

如果客戶對產品或服務的價值不太清晰，卻感覺價格太高，有一定的抗拒，你可以試用這個話語：「上了這一課，你感覺可以讓你多賺多少錢？假如未來 5 年可以多賺 100 萬元，那你願意出多少錢來提高這些能力？假如不用 2 萬，我們只要 1 萬呢？假如不用 1 萬，只需 5,000，或者 4,000 元？如果你現在報名，我們只要 1,000 元，你認為怎麼樣？可以使用 10 年，一年只要 100 元，一週只需 2 元，平均每天投資 0.3 元。如果你連每天 0.3 元都沒有辦法投資，那你就更應該來上課了。」

8.「經濟的真理」成交話語

客戶想以最低價格購買最高品質的產品，你的產品價格卻不能商量，可以如此應對：「XX 先生，以價格引導購買的決策，有時候不一定是完全正確的，對嗎？沒有人願意為一件產品投入過多，但是如果投資太少，也有它的問題存在。投資多，你最多損失了一些錢，但如果投資太少，你的損失可能會更多，因為那樣的產品並不能滿足你的需要。在這個世界上幾乎沒有人能用最低價格買到最高品質的產品，這是社會經濟規律。所以在購買產品時多投資一點是很值得的，對嗎？多投資一點，就可以選擇品質比較好的產品，能夠享受這樣的產品帶給你的好處和滿足，價格也就不很重要了，你說是不是呢？」

9.「十倍測試」成交話語

你的產品或服務經得起 10 倍測試的考驗，而客戶卻不敢決定，這時可以用這個話語：「XX 先生，測試產品的價值，常常要看它是否經得起 10 倍測試的考驗。如你投資在住宅、珠寶、車子、衣物或其他能為你帶來快樂的商品上，但是在擁有一段時間之後，你是否願意為這個產品支付比過去多 10 倍的價錢？就像你今天上的這個課程，幫助你增加了個人收入和提高了形象，改善了你的健康，那你的付出就是值得的。如果透過這堂課所享受到的好處，使我們願意付出 10 倍價錢，你說不值得嗎？」

10. 絕對成交心法

要在整個過程中不斷進行這樣的自我暗示：我可以在任何時間，銷售任何的產品給任何人。

克服客戶拒絕的招數

絕大多數人對不熟悉的陌生人、新事物以及新環境等，都有本能的排斥心理，久而久之就形成一種習慣性的條件反射。所以在行銷中，客戶拒絕的並不是你，而是在拒絕這種突如其來的推銷，這是客戶本能的反應。由於自我認知的差異性，每個人對同樣的問題都會有不同的理解，當遇到別人的意見與自己觀點不一樣時，本能的反應就是拒絕對方。所以作為行銷人員，在追求夢想的過程中，首先你要學會面對拒絕。如果想成為真正的贏家，就必須學會接受和克服拒絕。人們對你的拒絕甚至「攻擊」，也可能是來自語言上或是情感上的。但是不管是來自哪個方面，你都要堅定自己的信念，絕不放棄。

拒絕是生活中常有的事，在工作、友誼和愛情中都會發生。如果你掌握了一定的應對方法，就比較容易面對它、戰勝它。首先，行銷人員要樹立正確的觀念和良好的心態，因為拒絕也是客戶對陌生事物的牴觸的正常反應，拒絕恰恰是推銷的開始，沒有拒絕也就沒有推銷。如果內心忐忑不安，那是由於緊張甚至恐懼造成的。只要進行充分的準備，處理好心情，把心態調整為誠實懇切、充滿自信，就可以用心傾聽消費者的拒絕，開始成功的銷售。下面介紹幾種突破客戶拒絕的語言招數，只要在熟練地背誦後，再稍加一些個性化的語言就可以使用了。

1. 突破「我沒時間」的拒絕話語

面對以這樣的話語推脫的客戶，可以這樣說：「我當然理解的。我的時間也老是不夠用。不過只要 3 分鐘，你就會相信，這是個對您相當重要的議題……」

2. 突破「我沒興趣」的拒絕話語

如果遇到以這種話語推脫的客戶，可以這樣說：「我完全理解，對這種產品你當然不可能立刻產生興趣，有疑慮有問題也是理所當然的，我可以為您解說一下，您看哪一天合適呢？」

3. 突破「我現在有事」的拒絕話語

面對以此類話語推脫的客戶，可以這樣應對：「先生，美國富豪洛克斐勒（John Rockefeller）說過，每個月花一天時間好好盤算你的錢，要比用 30 天全都工作來得重要！我們只需 25 分鐘的時間。麻煩選個您方便的時間，我星期日和星期一都會在這裡，可以在星期日的下午或星期一上午來拜訪您！」

4. 突破「我沒心情參加」的拒絕話語

面對以這樣的話語推脫的客戶，可以這樣應對：「先生，我非常理解，要您在不開心的時候，對還不知道有什麼好處的東西感興趣，那是強人所難。正因為如此，我才想向您親自說明。星期一或者星期二過來拜訪您，可以嗎？」

5. 突破「抱歉，我沒有錢」的拒絕話語

遇到以此類藉口推脫的買家，可以這樣應對：「我了解。要什麼就有什麼的人畢竟不多，正因為如此，我們選一種方法，可以用最少的資金創造最大的利潤，以便在未來有一個最好保障。我願意在這方面貢獻一己之力，可不可以在下星期三，或者週五來拜見您呢？」

6. 突破「請你把資料寄過來給我怎麼樣」的拒絕話語

面對以這種理由推脫的客戶，可以這樣說：「先生，我們的資料都是精心設計的草案和綱要，必須配合銷售人員的說明才行的，而且要對每一位客戶的個人情況再分別做修訂，等於量身訂做。所以最好我星期一或星期三過來拜訪您。您看是上午好還是下午好呢？」

7. 突破「目前我們還無法確定業務發展會如何」的拒絕話語

面對以這種理由推脫的客戶，可以這樣說：「先生，我們行銷多年，不必擔心這項業務日後的發展，您先考慮一

下，看看我們的供貨方案是不是可行。我星期三過來還是星期四過來比較好？」

8. 突破「我們會再跟你連繫」的拒絕話語

如果遇到以此類藉口推脫的客戶，可以這樣應對：「先生，也許您目前還沒有什麼意願，但我還是很樂意讓您了解一下，要是能參與這項業務，對您會大有收益的。您看明天還是後天？」

9. 突破「要做決定的話，我得先跟合夥人談談」的拒絕話語

面對以這樣的話語推脫的客戶，可以這樣說：「我非常理解，先生，那麼我們什麼時候可以跟您的合夥人一起談呢？約一個時間吧？」

10. 突破「我要先跟我太太商量一下」的拒絕話語

如果遇到以這樣的理由推脫的客戶，可以這樣應對：「好的，先生。可不可以約夫人一起來談談呢？您喜歡哪一天比較好？或者就在這個週末？」

11. 突破「我要先好好想想」的拒絕話語

遇到以這樣的藉口推脫的買家，可以這樣說：「先生，相關的重點其實我們已經討論過了，容我直率地問一句：您顧慮的是什麼？」

12. 突破「我再考慮考慮，下星期給你電話」的拒絕話語

面對以這種藉口推脫的客戶，可以這樣說：「非常歡迎您來電話，先生，要不然您看這樣會不會更簡單一些？我星期二下午找時間給您打電話，還是星期四的上午比較好？」

13. 突破「說來說去，還是要推銷東西」的拒絕話語

面對以這種話語推脫的客戶，可以這樣應對：「我當然很想把東西銷售給您，只是必須能讓您覺得物有所值才會賣給您。關於這一點，我們找個時間一起討論一下？下星期三我來拜訪您？還是我星期五過來比較好？」

案例：勞斯萊斯，讓豪華汽車成為尊貴者的必需品

工程師萊斯（Henry Royce）和英國貴族勞斯（Charles Rolls），是勞斯萊斯汽車共同的創始人。1904 年的春天，萊斯親自設計製造了第一輛雙缸汽車，勞斯試開後感受到其魅力無窮，認為這款轎車前途無量，兩人一拍即合，成立了勞斯萊斯汽車公司，勞斯負責銷售。勞斯萊斯公司首批生產的 10 輛轎車，在世界汽車展覽會上一舉揚名天下。1906 年推出最早使用勞斯萊斯商標的品牌轎車 ——「銀魅」，採用兩個「R」重疊，象徵勞斯和萊斯你中有我、我中有你的親密關係。

♦尊貴品質，元首級別的精品

勞斯萊斯轎車每年只生產幾千輛，每一輛都堪稱絕對元首級別的精品，是世界上最名貴的汽車之一，1906 年生產的「銀魅」轎車，價值已高達 1,400 萬英鎊。勞斯萊斯 Phantom 車款，價格高達近 4,000 萬元。每當讚美某件產品奢華、尊貴時，人們都會稱其之為某產業的「勞斯萊斯」，勞斯萊斯就是「尊貴」的代名詞，已成為汽車王國雍容高貴的唯一象

徵。「車的價格會被人忘記，而車的品質卻長久存在」，勞斯萊斯的尊貴品質，來自於只為擁有尊貴身分的車主限量手工打造的百年傳統。

人們只要一想到勞斯萊斯品牌，就會聯想到以下不可思議的事情。1904 年年底，第一批勞斯萊斯轎車面世，在巴黎世界汽車展覽會上一舉揚名，到現在還有 60% 以上的勞斯萊斯汽車仍在正常使用，第一批車當時的售價是每輛 395 英鎊，如今價值 25 萬英鎊；勞斯萊斯在 1952 年伊麗莎白女王登基之後，就成為皇家的御用座騎；1955 年，勞斯萊斯轎車被授權使用皇室專用徽章；勞斯萊斯汽車的引擎完全都是用手工精心打造，正面的格柵不藉助任何測量工具，全憑技師敏銳的眼力和高超的工藝等等。

♦追求上等品質，不計成本

勞斯萊斯公司為了保持品牌的品質，始終堅持手工生產，不計成本地追求上等品質。嚴格挑選製作勞斯萊斯轎車內裝的上等皮革，剩下的部分都被用於製造上等包包；每一輛勞斯萊斯車中的上等胡桃木飾，桃木紋理都自成一格，而且都有紀錄歸檔，並存有完全相同的備用材料，以備日後損傷要求修補時，可以按照原狀恢復；為了匹配勞斯萊斯轎車的尊貴身分，無與倫比的上等服務也令人咋舌，曾經有一輛勞斯萊斯轎車在法國出現故障，公司居然派了直升機去維修。

1911 年，勞斯萊斯公司聘請著名雕塑家賽克斯（Charles Sykes），為勞斯萊斯汽車設計一個立體車標，創意取自勝利女神雕像，這尊雕像來自巴黎羅浮宮的藝術品走廊，是一尊有兩千多年歷史的女神。高貴典雅的神像登上勞斯萊斯車首，使勞斯萊斯轎車更加神聖華貴，難怪會為皇室御駕，形成勞斯萊斯轎車的高貴血脈。早在第二次世界大戰時，菲利普親王（Prince Philip, Duke of Edinburgh）就試駕過勞斯萊斯 8 缸轎車，對其評價很高。菲利普親王如此青睞，使伊麗莎白公主也就是後來的英國女王也關注勞斯萊斯。此後的愛德華八世（Edward VIII）、女王伊麗莎白二世（Elizabeth II）、瑪格麗特公主（Princess Margaret, Countess of Snowdon）、肯特公爵（Prince Edward, Duke of Kent）等眾多皇室成員，也都將勞斯萊斯作為自己的御駕。1952 年，伊麗莎白女王登基，作為女王的專用車，勞斯萊斯在無數的大英帝國子民面前緩緩駛過，從此，勞斯萊斯就成為英國皇室的御用專車。以後的半個世紀，勞斯萊斯汽車與英國皇室已經密不可分，英國皇室的重大活動，必然會有勞斯萊斯汽車高貴的身影。

勞斯萊斯成為英國皇室的御駕，引來各國元首和貴族的效仿，很多影星、歌星及富豪，都想擁有一輛勞斯萊斯轎車，以炫耀自己尊貴的身分。但是勞斯萊斯公司對轎車購買者的身分背景要求極為嚴格，廠方對購買者的身分、地位、文化教養及經濟狀況都要進行綜合調查。因為勞斯萊斯公司規定：只有貴族身分的人才能成為車主。後來，勞斯萊斯汽車公司針對不同身分的銷售對象，生產出三種系列的轎車，黑藍色的銀靈系列，專門賣給國家元首、政府高級官員和有爵位的人；中性顏色的銀羽系列，只賣給紳士名流；白、灰淺色銀影系列，只賣給一般的企業家和大富豪。

♦上等豪華頂級產品的高階競爭

很多人並不知道，勞斯萊斯也是優質引擎的製造者。如波音客機用的引擎，就是勞斯萊斯生產的。但是第二次世界大戰後，由於 1971 年開發的新型航空引擎虧損，在英國政府的干預下，將勞斯萊斯分為汽車與航空引擎兩家公司。航空引擎公司很快恢復了生機，再次成為世界三大航空引擎廠之一，而分開後的勞斯萊斯汽車公司，卻經歷著起起伏伏。

1980 年代之後，日本豐田、日產等汽車公司相繼在英國投資建廠，英國的 Jaguar 汽車公司在 1989 年被美國福特汽車公司收購，Land Rover 汽車公司於 1994 年被德國 BMW 公司買下。勞斯萊斯汽車公司也尋求變革，於 1997 年在克魯工廠投入使用第一條生產線，勞斯萊斯公司也開始向現代技術靠攏。

英國維克斯集團（Vickers）—— 勞斯萊斯的母公司，在 1998 年 3 月宣布以 7 億美元的價格，將勞斯萊斯汽車公司和賓利汽車公司，同時出售給德國福斯公司。德國人欣喜不已，各大媒體紛紛在顯要位置報導此資訊。英國人卻黯然傷感，一家報紙刊登題為「擦乾你們的眼淚」的文章。畢竟對英國人來說，勞斯萊斯汽車象徵著昔日大英帝國的輝煌。

由於德國 BMW 公司出的價格無法與福斯抗衡，BMW 只好看著福斯把勞斯萊斯從嘴邊奪走。後來，BMW 公司用了 4,000 萬英鎊的代價，從英國勞斯萊斯飛機引擎公司的手中，將勞斯萊斯汽車的品牌和經營權買下，迫使福斯將勞斯萊斯還給自己。BMW 此番的策略意圖，是以勞斯萊斯作為上等豪華頂級產品，與福斯的賓利進行高階競爭。

♦重塑百年華貴傳奇

2003 年 1 月 1 日，最後一輛勞斯萊斯轎車，緩緩駛過克魯勞斯萊斯工廠，這裡再也不會有新的勞斯萊斯誕生。居世界汽車頂尖地位的勞斯萊斯歸屬於 BMW，在 BMW 集團麾下，勞斯萊斯已經煥然新生，推出全新一款車型 —— 全新 Phantom。這款車的設計師極有才華，年齡只有 20 幾歲。他認真研究勞斯萊斯近百年的車型，將 1930 年代車型特點融入新車的設計，如引擎的前罩大，而車窗卻很小，這種設計很符合現代富豪對汽車私密性的要求，所以在歐美和亞洲極受歡迎。

BMW 接手勞斯萊斯，釋出全新的 Phantom 之後，第一款實驗車型就是勞斯萊斯 100EX。這款四人座雙門敞篷車，選用輕巧堅硬的鋁合金空間構架，車身與勞斯萊斯 Phantom 有些類似，但稍短一些。與 Phantom 最大的區別在於，100EX 車頂與許多跑車一樣，是敞篷車，頂篷可以自動升起和降落。100EX 引擎蓋有一片鋁合金面板，一直延續到車的前臉，車燈為圓形。這部 100EX 與從前的勞斯萊斯汽車一樣，都是在英國古德伍德廠房手工生產的。

2007 年是勞斯萊斯迎來輝煌的一年，作為全球最為昂貴的奢華車型——勞斯萊斯 Phantom，產量首度突破千臺大關。新款的量產型 101EX 車型，也將走上生產線，加入勞斯萊斯 Phantom 家族行列。勞斯萊斯 101EX 已經正式定名。車型也由華貴的勞斯萊斯 Drophead Coupe 敞篷車演化而來，外觀也極為相似，採用輕量化手工製造的承載式車身結構，使用全鋁底盤結構，金屬原色的引擎蓋仍採用磨砂質感的鋁合金材料製成。兩側車門維持英國馬車風格，採用的倒開門更顯英國皇家的高貴氣質。在 2009 年，勞斯萊斯釋出全新的 200EX 概念車，將該車定名為 Ghost，似乎為紀念當年「世界上最好的車」——Silver Ghost（銀魅），這也預示勞斯萊斯想重塑經歷百年滄桑的傳奇。

勞斯萊斯從誕生的那一天起，就把自己定位只為極少數人專門服務的豪華品牌，直到今天，勞斯萊斯的引擎依然完全用手工製造，年產量仍限定在2,000輛左右。只追求品質、不求數量，這種做法在全球汽車工業史中極為罕見。自1904年至今近百年的時間裡，勞斯萊斯公司總共只生產11.5萬輛汽車，其中有6.5萬輛至今仍在使用中。正是對品質盡善盡美的不懈追求，才使勞斯萊斯成為全世界公認的貴族品牌。只要人們一看到雍容華貴的車身，和高貴典雅的勝利女神象徵，馬上就會認出，這是一輛尊貴無比的勞斯萊斯轎車！

第六章
人際關係，成為王牌行銷人員的必要基礎

人際關係是事業成功的指南針，也是奠定行銷成功的基石。人際關係不但增強了個人事業的成功係數，在行銷上更有著強大的可營利性，人際關係的伸展是一個長期累積和維護的過程，尤其是行銷領域。建立強大的人際關係，必將使你成為行銷大軍中王牌。

行銷就是不斷與客戶建立連結

如果說血脈是生命的支持系統，那麼人際關係就是社會的支持系統。樹脈，必須有豐富的枝脈吸取陽光和雨露。人際關係也是如此，良好的客戶資源要依賴於良好的人際關係。在資訊發達的時代，擁有更多資訊，就擁有更多的行銷業績。人際關係有多廣，資訊情報就有多廣，這是使事業無限發展的平臺。因為在成功行銷的背後，總是擁有更龐大和更有力量的客戶網絡，每個人都在不斷開發著自己的客戶資源，每個人都希望生命中能有一位「貴人」，在關鍵時刻能幫助自己開啟機遇的天窗，使自己站在巨人的肩膀，直接進入成功的境界。

你想在五年後的行銷中達到怎樣的業績？那麼從現在就要開拓客戶資源布局，進而達成目標。行銷的過程，實際上就是一個不斷建立客戶資源網絡的過程。規劃自己的客戶資源網絡，五年後就會發現，你的身邊都是可以隨時協助你的專業人士，有時一通電話就會解決棘手的問題。但是如果沒有五年後的目標而盲目拓展，卻只會為自己帶來繁忙與麻煩。

♦人際關係資源的分類

1. 可以根據重要程度的不同，將人際關係資源分為核心人際關係資源、緊密層人際關係資源、鬆散備用人際關係資源。

核心人際關係資源：指事業與未來能造成核心、重要作用的人際關係資源。

緊密層人際關係資源：指在核心層人際關係資源的外圍。如行銷經理的緊密層人際關係，包括公司的董事會成員、其他主管、部門同事、下屬、客戶、對自己有影響的師友、同學等。

鬆散備用人際關係資源：指根據自己的事業生涯規劃，可能在將來對自己會有影響的人際關係資源。如公司可能的接班人、有發展潛力的同事、下屬、朋友、客戶、同學等。

2. 根據人際關係資源的形成過程，可以將人際關係分為親緣人際關係、地緣人際關係、學緣人際關係、事緣人際關係、客緣人際關係、隨緣人際關係等。

親緣人際關係：由家族、宗親和種族形成的親緣人際關係。

地緣人際關係：因居住的地域而形成的人際關係，最常見就是同鄉。同鄉關係會因所的處地域而有所不同，如出了鄉，鄉人是同鄉；出了縣市，同縣市人是同鄉；出了國，國人都是同鄉。

學緣人際關係：因為在一起共同學習，自然產生的人際關係。學緣人際關係有小學、中學、大學的同學，還有各種短期培訓班，甚至各種會議中都蘊涵豐富的人際關係資源。

事緣人際關係：因為在一起共同工作或處理一些事務而產生的人際關係。事緣人際關係包括工作中的同事、主管、下屬，以及有短暫的共事經歷的人等。

客緣人際關係：在工作中會常常與各類客戶打交道，從而形成了人際關係。俗話說「不打不相識」，真金白銀的商業活動，也在考驗著每個人的品行與能力。行銷人員在服務客戶的同時，也要投入情感和誠信，以累積自己的人際關係資源。

隨緣人際關係：「有緣千里來相會」，短暫的聚會，偶然的邂逅，都是上天安排的隨緣機會，一見鍾情的緣分常常會降臨於此，你的人生或事業，可能就會從此與眾不同。

3. 還可以根據動態變化狀態，將人際關係資源分為現在時人際關係資源和將來時人際關係資源。也可以根據作用的不同，將人際關係資源分為政府人際關係資源、金融人際關係資源、產業人際關係資源、技術人際關係資源、思想智慧人際關係資源、媒體人際關係資源、客戶人際關係資源、高層人際關係資源（老闆、上司）、普通層人際關係資源（同事、下屬）等，可以根據自己的興趣愛好和價值取向，進行靈活分類。總之，世界上充滿了許許多多的因緣關係，不要輕意忽視一個人，也不要疏忽可以幫助別人的機會。要好好地利用這些因緣關係做好行銷，會幫助你迅速走向成功，徹底改變自己的一生。

♦如何經營人際關係資源

在如今的社會發展中，光靠本身的專業職能打天下，是遠遠不夠的。所謂「專業是刀柄，人際關係是利刃」，唯有以相互配合、互動互利的方式經營人際關係，才會有更大的發展。如果不仔細規劃人際關係如何執行，就會發現自己的未來只是在原地踏步。

1. 利人利己的互惠原則

「利人利己」是人際交往中一種雙贏的社會關係，也是人際關係行銷的基本原則。利人利己，並不是世俗中那種「互相利用」。利己的原始動機，是在利他的行為中幫助別人，從而得到心理滿足感。對方給予自己的幫助，也是自己在利他行為中所得到的客觀回報，也就是說，利己的目的並不是為了索取補償，而是從給予中得到快樂和欣慰。

在廣闊的世界中，人人都有得以立足的空間，利人就是利己，是以誠信、成熟、豁達的基本人格為基礎的。他人所得不應視為自己所失，作為行銷人員，首先要有豁達的胸襟，才能開啟未來無限的可能性。有些人卻不同意這種觀點，認為「利人必損己，利己則必損人」，甚至為了一己之利，不惜傷害別人，置他人利益於不顧，最後卻落得損人害己、兩敗俱傷的下場。

損人利己，世上平添多少爭鬥？利人利己，人間又得無限芳春。美國汽車大王亨利·福特（Henry Ford）曾說：「如果成功有祕訣的話，那就是能夠站在對方的立場來考慮問題。能站在對方的立場了解對方心情的人，是不必擔心自己的前途的。」所謂「己欲立而立人，己欲達而達人」，在行銷中只有贏得大家的信任與好感，才能建立融洽的人際關係。

2. 誠實守信原則

建立人際關係就是以互相吸引為前提的，而這種吸引中重要的一點，就是雙方必須在交往中，達到一種心理上的安全感。遵守信用的人總是給予人安全感，因此，在人際關係經營中一定要切記誠實守信的原則。在社會交往中，有誰不喜歡與表裡如一而又守信用的人打交道呢？孔子說：「與朋友交，言而有信。」墨子說：「言必信，行必果。」講信用是人際關係必守的信條，就連敵對雙方談判都要守信用，想做好行銷，就更要守信用。因此，在行銷中約定的聚會，一定要按時出席；承諾的服務，必須按時完成；總是講實在的話，而不隨意誇大產品的好處等等。這些小細節並非無關緊要，會影響到個人信譽和人際關係，絕不可掉以輕心。

3. 互依互助原則

在傳統倫理觀念的影響下，幾乎所有人，都在織著一個個碩大的相互依賴的關係網。人與人之間彼此息息相關、互相依存、互依互賴。據說，兩塊磚頭放在一起所能承受的力量，要大於分別承受的力量總和。不同的植物生長在一起，根部就會相互纏繞，土質因此得到改善，這些植物往往會比單獨生長時更加茂盛。許多自然現象提醒我們：整體的力量大於部分的總和，這一規律也同樣適用於人類，但並非萬無一失，因為要在互依互助的前提之下。只有敞開胸懷，以寬容接納的心態尊重個體差異，才能集思廣益、眾志成城，體驗到合作的無比威力。「紅花亦需綠葉襯」，任何行銷都不是一個人所能夠獨立完成的，必須依賴於客戶與消費者的互助合作，「合則彼此有利，分則大家沒戲」。只有在人際關係經營中共策共力，才能達到真正互依互賴的境界。

4. 分享的原則

世界上有兩種東西越分享越多，一是知識智慧，二是人際關係。正如蕭伯納（George Bernard Shaw）所說：「我有一個蘋果，你也有一個蘋果，交換一下每人還是一個蘋果；

我有一個思想，你有一個思想，交換一下每個人至少有兩個思想。」同樣的道理，你有一個關係，我有一個關係，如果拿出來分享，每人就擁有兩個關係。分享是建立人際關係網最好的方式，分享的越多，得到的也就越多。看一看李嘉誠的生意經：假如一筆生意賣 10 元是天經地義的，而我只賣 9 元，讓他人多賺一元。表面上看我虧了一元，但從此之後，這個人還會和我做生意，交易越來越大，而且他的朋友也來與我做生意，朋友又介紹朋友與我做生意。所以我生意越來越多、越做越大，朋友圈子也越來越廣。如果你的分享對別人有用有幫助，別人自然會感謝你。你有一種願意付出的心態，別人就會覺得你是一個正直的人，當然願意買你的東西，喜歡和你打交道、與你做朋友。

5. 堅持不放棄原則

在開發和經營人際關係資源的過程中，很多人缺乏堅持的韌性與耐性，常常「三天打魚，兩天晒網」，一旦遭到拒絕，就失去堅持下來的勇氣。只有堅持不放棄的人，才能贏得更多成功的機遇。堅持就是成功，「騏驥一躍，不能十步；駑馬十駕，功在不捨」。如果你只堅持三天兩月，當然無法到達勝利的彼岸。堅持，可以使我們在困惑時柳暗花明；堅持，可以讓我們在競爭中藉助貴人之力脫穎而出！「古之立大事者，不唯有超上之才，亦必有堅韌不拔之志。」這是對成功經驗的高度概括，因為唯有堅持到底，辛勤地耕耘人際關係的沃土，才會建構廣袤的人際關係網絡，在豐厚的人際關係資源中遊刃有餘，實現「振臂一揮，應者雲集」的人生境界。

賣出的產品數，取決於認識的人數

剛工作不久的行銷新員工，常常會遇到被人以各種藉口拒絕的情況，有經驗的行銷人員就會告訴他：「這樣的問題有招可破：一是請親朋好友介紹；二是透過單位上司推薦；三是同行轉介。」但是有些人剛進入社會，甚至第一次走進一座城市，既不認識主管，也不認識上司，更沒有親朋好友和同行關係，如果碰到被拒絕的情況又該怎麼辦？那麼只有一條路可走，就是從現在起，開始建立自己的人際關係。否則，就會有吃不完的閉門羹。為什麼眾多的銷售菜鳥在銷售中舉步艱難？其實不只是缺乏能力的問題，更關鍵的是人際關係處於空白地帶。

世界首富比爾蓋茲在建立微軟帝國時只有 26 歲，為什麼一個毛頭小伙子能從世界著名的蘋果公司，得到 500 萬美元的大訂單？根本原因在於，他的母親是蘋果公司的技術總監。危急時刻，決定企業命運依靠的是什麼？就是逐漸累積的人際關係。知名企業的管理者尚且如此，更何況剛初出茅廬的銷售員。因此說，成功就是 70% 的人際關係，加上 30% 的才能。那些事業最輝煌的人，往往也是最懂得經營人際關係的人。那麼如何才能經營好我們的人際關係呢？可以遵循以下的原則。

♦就近的原則

從身邊的親人、朋友和同事開始，逐步發展自己的人際關係。許多剛開始加入行銷工作的年輕人一心要依靠自己的力量，闖出一片天地。這種心態勇氣可嘉，實際上卻非常幼稚。把自己定位成一個獨行天下的游俠，是不明智的，當今時代的社會分工越來越細，誰又能脫離社會獨自生存？尋求他人的幫助才是明智之舉。聰明的人總是掌握以下幾個要領，先從身邊的人際關係做起。

1. 多參加各種大大小小的聚會，尤其是家庭、同學及單位的聚會。這是累積人際關係的主要場所，每個人都可能成為幫助你的人。要用心傾聽，從他人的言語中獲得有用的資訊。聚會結束後，把結識的人的名字寫在本子上，在後面注明他的情況、能幫你什麼。

2. 力所能及地熱心幫助別人。幫助他人就是在增加自己的人際關係資源，幫助別人越多，以後獲得別人幫助的可能性就越大。不管大事小事都要盡力去幫，一定會有回報。

3. 勇於向親近的人尋求幫助。有人以為開口多了會被輕視，認為這點小事都搞不定，是無能的表現。其實你身邊的人恰恰是最樂於幫助你的人。因為你有幫助別人的心，那麼身邊的人就會以能幫助你而感到快樂。

4. 獲得身邊的人幫助時，你要有感恩的心態。有些人認為，這些都是我最親的人，他們幫助我是天經地義。這個世界上沒有人有義務必須幫助你，即使是你的父母和兄弟姐妹。對幫助你的人表示感謝，既能展現你是一個懂得人情世故的人，更能讓幫助你的人得到心靈上的安慰。向身邊的人多說些感恩的話，會讓你生活在濃厚的親情氛圍中。

5. 要及時報答他人的幫助。有人認為親人的幫助附帶著利益就會變味，其實不然。你在別人的幫助之下獲得了利益，理應拿出一部分與身邊的人分享，這樣你的人際關係才能越來越廣。

♦付出的原則

要記得你為別人的付出，總是比別人為你付出的多一倍。有經驗的行銷人員總是從容自如，銷售業務、客戶關係都處理得滴水不漏。他們到底是怎樣累積人際關係的？答案其實很簡單，就是在與客戶的交往中，始終考慮的是自己能為客戶做什麼。

有一家銀行需要引進新的軟體系統，一時引來許多著名軟體公司參與競爭。可是這份令人垂涎的大額訂單，最終竟然落在一家毫無名氣的軟體公司手中。很多人奇怪地問這家公司有什麼祕訣？原來這個公司做事只有一個原則 —— 盡可能地為客戶提供各種服務。銀行的總經理出差去考察，剛下飛機，這個軟體公司的當地同事，就早已手捧鮮花等候在機場門口，為他定好酒店，安排好每日的行程，為銀行總經理預約好所有想見的人。最妙是銀行總經理參觀了軟體公司總部的產品演練，聽取各家銀行對軟體公司產品的好評。由於銀行總經理對出差之行非常舒心、順利，很快就選用了這個公司的軟體。

要想贏得客戶，就要始終為他人提供更多的幫助。你付出的越多，收穫的也就越大。許多熱心助人、做事勤快的行銷人員，他們的能力可能比不上別人強，但他們卻是最受客戶歡迎的人。當客戶拿起杯子時，你能否及時裝上水？客戶準備搬家的時候，你能不能第一時間到場？當客戶沒時間去接他的孩子，你能不能幫他去做？往往就是這些小事才能打動客戶。

♦團隊的原則

今天的付出就是在為未來儲存糧食。有了好處與同伴分享，加入團隊就能享受到更多的美食。有些行銷人員可能會認為，人際關係是自己千辛萬苦才累積來的，所以是自己的私人藏品，又怎能與人分享呢？實際上，人際關係就像水中浮萍，是呈裂變增長的狀況，與人分享你的人際關係，才會越分享越多。經驗豐富的行銷人員常常體會到，和許多同行一起分享各自的人際關係，結果是一加一大於二。一個人的資源累積是有限的，如果將客戶的客戶、朋友的朋友關係共享，人際關係就會不斷地增加。企業高層、各種商會、多如牛毛的組織，許多企業家即使再忙，也要參加這些聚會。參加聚會的目的，就是相互之間分享各自的人際關係。還有同行、同事之間的人際關係也可以分享，相互支持、相互幫助，就會使一些看上去很難做到的事變得容易。團隊原則有三點內容：

- 為未來的人際關係做好儲備。人際關係要在日常生活與工作中，一滴一滴逐步培養和累積，而不是臨時抱佛腳。有了逐漸龐大的人際關係資源，也就不必擔心在關鍵時刻找不到人幫助你。
- 要懂得與周圍的人分享人際關係。與人分享的過程，也是把他人的人際關係逐步延伸到你的關係庫中，你的人際關係資源就會越來越豐富。
- 要學會與人合作。如果一個人的力量不足，何不找一個合適的人與你共同做這件事呢？利用十個人中 10% 的人際關係，要大於利用一個人 100% 的人際關係。

♦讚美的原則

美國哲學家約翰·杜威（John Dewey）認為：「人類最深刻的衝力是做一位重要人物，因為重要的人物常常能得到別人的讚美。」林肯的相貌可謂是百裡數一的醜陋，但他卻在一封信中寫道：「每個人都喜歡讚美的話，你我都不例外。」要獲得他人的認同，就應該善於抓住事情的重點，讓對方夠感受到，你直接認可他最核心的東西。所以經常用真摯的言辭與身邊的人交流，就會累積更多的人氣。每個人都希望得到認可，受到讚美就說明你接受了對方，所以大多數人都喜歡聽好話。得當而自然的讚美，會使人的自尊心和榮譽感得到滿足。被人讚賞而感到愉悅和鼓舞，對說話者就會產生親切感，心理距離就會縮短，開始進入一種融洽的關係中。但是讚美也要適度，一般遵循以下原則：

- 尋找共同的話題。可以談一些與開拓事業、人生追求、興趣愛好等有關的話題，最好比較簡單、淺顯，而且不要涉及個人隱私和政治。可以聊一聊生活、工作方面的話題，但是盡量不要涉及婚姻與收入等。如在約定的時間走入客戶的辦公室，湊巧發現客戶的辦公桌上放著你們學校的校徽，就可以判斷對方很可能與你是校友，順著這個話題聊起來，發現你們竟然有共同認識的同學、老師等等。於是無形中就從陌生人一下子變成了熟人。

當然，事情不可能都會這麼巧，我們還是要盡量尋找與客戶的共同點，就會聊起共同的話題。

- 尋找共同的價值觀。如可以在對某件事情的判斷上找到共鳴。大多數人都喜歡那些與自己的價值觀比較接近的人，這樣在一起才有話題，才聊得起來。這個規律同樣適用於銷售人員與客戶之間的互動。那麼，怎樣才能了解客戶的價值觀呢？我們可以透過詢問進行交流互動，如果問題問得恰到好處，就會開啟客戶的話匣子，用不了多久，就會對客戶的價值觀有一個最基本的了解，這樣談話當然就很容易繼續下去。
- 應在拜訪之前做一些準備。如可以事先請朋友介紹一下，或先打電話約好、給客戶發一封見面函，或是傳真和電子郵件等。有了這樣的見面函做鋪墊，跟客戶見面的時候，常常會問：「你是高雄市人？」如果他剛好去過，說不定還會問：「你住在北高還是南高？」這時你再介紹你的家鄉，或者問問他的家鄉，就顯得自然親切了。感情拉近了，距離也就拉近了，生意也就好談了，這便是成功的開場。

◆串聯的原則

在記憶中的人際關係就像一顆顆散落的珍珠，很多並不具備實用價值。這些不斷累積起來的人際關係，也需要用不同的線條串聯起來，才會變成一串串精美的項鍊。可以用以下四種方法將人際關係串聯起來：

- 依產業進行串聯。如果讓同產業的人際關係經常聚集在一起，你就會發現，你的人際關係正在裂變式擴張。
- 依區域進行串聯。將相同區域的人際關係串聯在一起，經常共同分享各自累積起來的人際關係，那麼這些人際關係就會價值倍增，變得更牢靠，更深厚。
- 依產業鏈進行串聯。將上下游客戶共同串聯在一起，就會優勢互補、資源共享。讓客戶從你的人際關係中獲得利益，感激之情就會油然而生，你也會成為最受歡迎的人。
- 依職位進行串聯。將不同職位的朋友聚集在一起，共同分享和探討工作經驗與遇到的難題，使這些人也能在你的人際關係中獲得成功。

人脈累積：「250 定律」

「250 定律」是世界上最偉大的銷售員 —— 喬 · 吉拉德（Joseph Gerard）提出的。喬 · 吉拉德曾經連續 12 年因「世界銷售第一」而榮登金氏世界紀錄的寶座，12 年來平均每天銷售 6 輛車，至今無人能打破這個紀錄。喬 · 吉拉德也是全球最受歡迎的一位演講大師，曾為眾多世界 500 強企業菁英演講，傳授他寶貴的成功經驗，世界各地數以百萬的人，都被他的演講所感動，更被他的事蹟所激勵。

喬 · 吉拉德患有相當嚴重的口吃，在 35 歲以前是個徹頭徹尾的失敗者。他換過 40 份工作卻依然一事無成。就是像他這樣一個背了一身債務、走投無路的人，竟在短短的三年內，攀上了世界第一的高峰，成為「世界上最偉大的業務員」。

♦建立人際關係檔案：要多了解客戶

喬 · 吉拉德說：「不論你推銷的是什麼，最有效的辦法，就是讓客戶真心相信你喜歡他、關心他。」只要客戶對你產生好感，你成交的希望自然就會增加。要使客戶相信你喜歡他、關心他，那就必須多多了解客戶，多蒐集有關客戶的各種資料。喬·吉拉德說：「如果你想要把東西賣給某人，你就應該盡自己的力量，去收集他與你生意有關的情報……不論你推銷的是什麼東西。如果你每天都願意花一點時間了解客戶，做好準備、鋪平道路，那麼你就不愁沒有自己的客戶。

喬·吉拉德剛開始工作時，曾經把蒐集的客戶資料寫在紙上，塞進抽屜。後來忘記追蹤某位客戶，使他意識到建立客戶檔案的重要性。他買了日記本和檔案夾，把資料全部做成紀錄，建立最初的客戶檔案。喬·吉拉德說：「在建立檔案時，你要記下客戶和潛在客戶的所有資料，他們的學歷、年齡、職務、成就、孩子、嗜好、文化背景、旅行過的地方等任何與他們有關的事情，這都是有用的推銷情報。所有這些都可以幫助你接近客戶，使你能有效地跟客戶討論問題，談論他們感興趣的話題。你知道他們喜歡什麼，不喜歡什麼，就可以讓他們興高采烈，手舞足蹈……只要使客戶心情舒暢，他們就不會讓你失望。」

♦名片滿天飛：每個人都是你的人脈

喬·吉拉德認為每一位業務員，都要時刻讓所有的人知道，他銷售的是什麼樣商品，這樣當他們需要時就會首先想到他。喬·吉拉德認為有人就會有客戶，如果你讓他們知道你在哪裡，你賣的是什麼，你當然就有更多可能得到生意的機會。為此，喬·吉拉德到處遞送名片，在餐廳付帳也要把名片夾在帳單中，他經常在運動場上把名片拋向空中，漫天飛舞的名片，就像雪花一樣飄散在運動場的每個角落。當人們想買汽車時，自然就會想起那個拋散名片的業務員 —— 喬·吉拉德。喬·吉拉德非同尋常的做法，幫他做成了一筆又一筆生意。

♦250 定律：不得罪一個客戶

「在每位客戶的背後，都大約站著 250 個人，這是與他關係比較親近的人：同事、鄰居、親戚、朋友。如果一個業務員在年初的一個星期裡見到 50 個人，其中只要有兩個客戶對他的態度感到不愉快，到了年底，由於連鎖影響，就可能有 5,000 個人不願意和這個業務員打交道，知道一件事：不要跟這位業務員做生意。」 —— 這就是喬·吉拉德的 250 定律。為此，我們每天都將這「250 定律」牢記在心，在任何情況下，都不得罪任何一個客戶。在喬·吉拉德的推銷生涯中，他抱定生意至上的心態，時刻控制自己的情緒，絕不因客戶的刁難，或是自己心情不好等原因對客戶有絲毫的怠慢。喬·吉拉德說：「你只要趕走一個客戶，就等於趕走了潛在的 250 個客戶。」

♦讓客戶幫你擴大人際關係

喬．吉拉德有一句名言，就是「買過我汽車的客戶都會幫我推銷」。喬．吉拉德認為，推銷離不開別人的幫助。因為喬．吉拉德的很多生意都是由「獵犬」幫助的結果——就是那些能帶領別人到他那裡買車的客戶。每當生意成交之後，喬．吉拉德總是把一疊名片和他的獵犬計畫說明書交給客戶。說明書會告訴客戶，如果介紹別人來買車，成交之後，每輛車他會得到 25 美元的酬勞。之後，喬．吉拉德還會寄給客戶一封感謝卡和一疊名片，喬．吉拉德每年都會寄去一封附有獵犬計畫的信，提醒客戶說，喬．吉拉德的承諾依然有效。如果客戶是領導人物，那麼喬．吉拉德會更加努力地促成交易，並設法說服他也成為獵犬。

獵犬計畫的實施關鍵就是守信用，一定要如約付給客戶 25 美元。喬．吉拉德寧可錯付 50 個人，也不要漏付一個人。1976 年，喬．吉拉德的獵犬計畫為他帶來 150 筆生意，約占總成交額的三分之一。喬．吉拉德為此付出 1,400 美元的獵犬費用，收穫了 75,000 美元的傭金。

♦掌握誠實是增加人際關係的最佳策略

誠實，不僅是推銷的最佳策略，而且也是唯一的策略。當然不是絕對的誠實，因為推銷容許有「善意謊言」。誠為上策，這是最佳策略，能夠使你在工作中追求最大的利益。推銷中有時必須說實話，一就是一，二就是二，尤其客戶事後可以查證的事。喬·吉拉德說：「任何頭腦清醒的人，都不會賣給客戶六汽缸的車，卻告訴他買的車有八個汽缸。客戶只要掀開車蓋數數配電線，你就死定了。」喬·吉拉德也時常奉承客戶，但他善於掌握誠實與奉承的關係。沒有敵意的少許讚美，可以使氣氛變得愉快，推銷也更容易成交。喬·吉拉德有時甚至撒一點小謊，因為喬·吉拉德看到，一位客戶問他的舊車可以估價多少錢，有業務員因為告訴客戶實話，說「這種破車不值多少錢」，而平白失去生意。喬·吉拉德從不這樣，他會撒個小謊說，一輛車若能開上 12 萬公里，那他的駕駛技術的確高人一等。這種話使客戶非常開心，贏得了好感。

♦真正的人際關係建立在銷售之後

喬·吉拉德說：「我相信推銷活動真正的開始，是在成交之後，而不是之前。」喬·吉拉德在和客戶成交之後，總是恰當地表示繼續關心他們，喬·吉拉德把成交看作是推銷的開始。因為推銷是個連續的過程，成交是本次推銷的結束，同時又是下次推銷的開始。喬·吉拉德每個月都要給他的 1 萬多名客戶分別寄去賀卡。一月祝賀新年，二月紀念華盛頓誕辰日，三月祝賀聖派翠克日……凡是在喬·吉拉德那裡買過汽車的人，都會收到喬·吉拉德的賀卡。在成交之後繼續關心客戶，就會在贏得老客戶的同時吸引新客戶，就會使生意越做越大，客戶也越來越多。正因為喬·吉拉德沒有忘記客戶，客戶才不會忘記喬·吉拉德。

♦讓產品吸引客戶

每一種產品都有自己特別的味道，喬·吉拉德就非常善於推銷產品的味道。在和客戶接觸時，他總是想辦法讓客戶先「聞一聞」新車的味道。他讓客戶坐進駕駛座，握住方向盤，親自操作一番。如果客戶住的不遠，還會建議把車開回家，讓他在太太、孩子面前炫耀一番，客戶很快就被新車的「味道」陶醉了。凡是坐進駕駛座開上一段路的客戶，沒有不買他的車的。即使當時不買，不久後也會來買的。因為新車的「味道」已經深深印在腦海難以忘懷。喬·吉拉德認為，人們都有好奇心，都喜歡親自嘗試、接觸和操作，不論你推銷的是什麼，都要想方設讓客戶親身參與，只要吸引住他們的感官，那麼你就能掌握他們的感情。

先交朋友，後做行銷

「先交朋友，後做行銷」。在行銷工作中，累積人際關係的過程就是交朋友的過程。如果朋友交定了，那麼訂單也就多半水到渠成地成交了。這就是行銷過程中人際關係的規則，人際關係決定了你的行銷業績。一個行銷人員賺得的錢，有 12.5% 是來自於所掌握的知識，87.5% 是來自於自己的人際關係。看到這個比例，你是否會感到震驚？對於行銷來說，人際關係就是有這麼大的能量。人際關係好似看得見的經脈，又彷彿透明的蜘蛛網，人們常常用「人際關係網絡」來形容人與人之間的交往關係。而「人際關係網絡」靠的就是「交情」與「人緣」。

♦認識多少人，決定著你成交多少筆訂單

貴人往往就在你的身邊，關鍵是你要用心去找。好萊塢一直流行這樣一句話：「一個人是否能成功，並不在於你知道什麼，而在於你認識誰。」如今的時代，就是一個人際關係的時代，任何一個人要想憑著一己之力打拚，是難成為孤膽英雄的。尤其從行銷的意義上講，人際關係更是決定著行

銷人員的成功與財富。或者可以直接說：你認識多少人，決定了你能夠成交多少筆訂單，你的人際關係決定你的生意能做多大。

劉先生在一家中型企業擔任銷售部經理，有一點閒暇時間就喜歡上網，寫自己的部落格，還將自己在企業行銷中打拚的甘苦和經驗、體會、教訓等都寫在了部落格裡。一天，在瀏覽他人部落格的時候，他偶然發現有一篇文章很精彩，讀過之後非常欣賞，還發自肺腑地談了自己對文章的肯定與讚美。一來二去，便和版主建立了默契的「文緣」。他們半年後相約見面，交談甚歡，對方還邀請他到自己的企業去工作。此時劉先生才了解到，這位版主竟然和自己從事同一產業，是一家大企業的老闆。劉先生雖然沒有到版主的公司工作，卻在版主那裡簽了一筆大單。

♦廣結善緣，必結善果

所謂「結緣」，就是與他人建立良好的溝通和融洽的關係。人生最可貴的就是「結緣」，廣結善緣既使自己的生活愉悅，也為大家的生活帶來快樂。那麼，怎麼樣才能廣結善緣呢？自古結緣的方式各有不同：有的人在夜路上點一盞路燈與行人結緣；有的人搭個茶亭施茶與路人結緣；有的人搭橋修路，銜接交通與人結緣；有的人挖一口水井供養鄉里結緣；有人送一個禮物與你結緣，這都是非常可貴的結緣方式。而如今要想結緣就更方便了，即使宅在家裡，也能利用網路廣結網友。只要人有善心善念，自然會時時處處與人結下善緣。

廣結善緣，未必需要很大的投資，只要心中有利他之念，隨時隨地急人所急，在關鍵時刻施以舉手之勞，就可以跟別人結下極深的善緣。如遇到突發事件，有人想打電話報案求援，偏偏手機沒電，這時候你借他手機用一下，事情馬上就不一樣了，警察也到了，救護車也來了，許多危險甚至生命都得到了及時救護，你的善舉結下的善緣就很有威力了！

♦燒冷灶，拜冷廟，結交落難英雄

很多人「平時不燒香，臨時抱佛腳」，你平常心中並沒有「佛祖」，有了事才來懇求，那樣誰又會幫助你呢？所以要想求神，自應平時燒香。交朋友也是這個道理，有的人能力很平庸，然而一旦時來運轉，就可能會成為明運通達的人物。人在得意之時，就把一切都看得很平常、很容易。如果你的境遇和地位與他相似，交往起來當然無所謂得失。但是如果你的地位境遇並不及他，就會有趨炎附勢的錯覺。這時候即使你極力結納、多方效力，彼此的友情也不會有多少增進。人在逆境處處不順，繁華夢醒才能對人認識更清楚。壯士潦倒、英雄落難都是常見的事，只要風雲際會轉換，就會一飛沖天、一鳴驚人。這時結納交往，進以忠告勉勵或指其缺失、改過遷善，隨時主動盡力幫忙，卻不能有絲毫得意，對方會有知己之感。一朝否極泰來，又怎能會忘了你這個知己？「人情冷暖，世態炎涼」，趁自己有能力，可以多結納一些潦倒的英雄，日後能為己用。

♦友情投資要走長線

友誼是需要靠長年累月培養的，做人做事，更不可急功近利，要善於放長線釣大魚，大魚上鉤卻不著急收線揚竿，以免大魚把釣竿折斷，要不慌不忙慢慢把魚釣上岸。

求人如果追得太緊，別人就會一口回絕。只有耐心等待，才會有成功的喜訊。有一位公司的董事長，很擅長交朋友，他總是調查和了解合作公司員工的學歷、人際關係、工作能力和業績，以判斷哪位員工日後會成為公司的要員。以這位董事長的經驗，十個欠他人情的人，會有九個給他帶來意想不到的收益。他做的「虧本」生意，日後會利滾利地收回。一旦看中的其他公司的年輕職員得了晉升，他立即跑去慶祝，贈送禮物、到高級餐廳用餐。曾經有位年輕的員工晉升到了主管，得到了這位董事長的盛情款待後倍加感動，心想：「我以前從未給過他任何好處，現在也沒有掌握重大交易的決策權，這位董事長真是大好人。」感恩圖報的意識就這樣產生了。受寵若驚之際，這董事長卻好人做到底，他說：「我們企業公司能有今日，完全靠貴公司的抬舉，因此，我向你這位優秀的職員表示謝意也是應該的。」這位職員日後晉升要職，必然回報董事長的恩惠。因此許多承包商在競爭激烈時紛紛倒閉破產，而這位董事長卻依然生意興隆。求人交友就是要有長遠的眼光，盡量少去臨時抱佛腳，而要慧眼識英雄，有目標地進行長期感情投資。還要注意辨識那些中看不中用的庸才，不能枉費心血。

♦學會溝通讚美，處處都是人際關係

成功人士都善於掌握機會，抓住一閃即逝的機緣，去培育人際關係資源、發展關係。機會就在你身邊，為什麼總是平白讓它流失？只要有和陌生人接觸的機會，就要主動去溝通與交流。如在婚宴場合，你可以提早到現場；一次萍水相逢的會議，可以與能接觸到的人交換名片，在休息的間隙聊一聊；在外出旅行中主動與他人溝通等等。在與人溝通中，要學會傾聽，因為傾聽是了解別人最有效的法寶。要盡可能地了解別人的能力、需求、渴望與動機，並給予適當的回應。

適時的讚美，會使溝通更順暢。美國鋼鐵大王卡內基（Andrew Carnegie），曾經付出 100 萬美元的超高年薪，聘請了 CEO 夏布（Schwab）。許多記者問卡內基為什麼會是他？卡內基說：「因為他最會讚美別人，這也是他最值錢的本事。」而卡內基為自己寫的墓誌銘，則是「這裡躺著一個人，他懂得如何讓比他聰明的人更開心」。

尤其在公司的內部，你更要珍惜與你的上司、老闆和同事單獨相處的機會，如陪同上司或老闆出去開會、出差等，這都是上天賜予你的強化人際關係的絕佳良機，所以千萬不要錯過。當然，你要提前做好充分的準備，適當地表現才能有好的結果，千萬不要弄巧成拙。

案例：日本銷售女神柴田和子的人際關係經營

日本有一位推銷女神名叫柴田和子，她連續 11 年榮獲日本壽險「終身王位」的稱號，是國際組織 MDRT（Million Dollar Round Table，又名百萬圓桌）會員。她一個人的業績，相當於把 804 位業務員的業績全都加在一起。柴田和子成功的祕訣是：確立明確的、長遠的目標，並要想方設法去達成它。要經常站在客戶的立場來考慮問題。「客戶是上帝」，要像「愛的使者」一樣，用真誠打動客戶。

就讓我們來看一看，這位推銷女神柴田和子，到底是如何利用的人際關係資源，進行推銷的呢？

♦總給人清新、明朗的形象

柴田和子的身材比較渾圓，她對自己的外貌沒有什麼自信，但是只要一說起話來，便顯得神采飛揚。由於在初次會面時，她覺得自己不能首先吸引對方的眼光，因此，她常常身著美麗清淨的服裝，給人留下一個清新又明朗的第一印象。

♦充分利用累積的人際關係資源

柴田和子高中一畢業，就來到「三陽商會」任職，一直到結婚為止。她周邊的人際關係資源，給她事業帶來了極大的幫助。她以當初在「三陽商會」任職時的人際關係資源為基礎，然後透過這些人的介紹，再加上轉介紹慢慢累積人際關係。此外還有一個為她提供人際關係的平臺，就是她的母校 —— 新宿高中。新宿高中是一所很著名的重點高中，培養出一大批各行各業的優秀人才，都成為社會的中堅力量。從那裡畢業的學生，有很多在社會上都占有一定的地位。柴田和子充分利用這些累積起來的人際關係資源，展開她傳奇般的銷售。

♦善用銀行開發企業客源

當時的日本，幾乎所有的企業自由資本比例都是比較低的，需要經常向銀行貸款，銀行發揮著極大的金融效能。但是在銀行與企業之間的權力結構中，銀行居於絕對的支配地位。因此，銀行的推薦也是相當有力量，可以帶給企業一定的壓力。柴田和子充分利用這種關係，常常以這樣的自我介紹作為她的開場白。

「我是由銀行介紹來的，但是我與銀行並沒有什麼特殊的關係。因為我是自己跑到銀行請他們介紹的，所以請不要介意『銀行介紹』這四個字，請聽聽我說的內容。希望能理解，我以一個保險業務員的身分，為貴公司推薦一項非常合適的商品，因此，請你一定要針對這項由我為你設計好的保險，進行批評、指教，這樣對我的成長也會有助益。我希望一點一滴地累積這些經驗教訓，將來能夠成為日本頂尖的業務員。因此，請不吝指教，對我加以指導。」

有一家銀行的分行長，是一位非常優秀的紳士，他為柴田和子提供了 7 家企業的轉介。之後，這家銀行又陸續為她介紹了更多的企業。當柴田和子成功地獲得了一家銀行的轉介之後，其他的銀行也逐漸地伸出雙手，紛紛為她提供轉介。為了更加準確地了解企業的名稱，柴田和子經常一整天都坐在銀行櫃檯前的椅子上，只要一聽到銀行的小姐喊出「XX 工業公司」、「XX 會」，她就把企業的名稱一個一個地抄錄下來。然後再到二樓的貸款部門，請求工作人員，為她介紹那些企業，然後再去一一拜訪。

♦尋找關鍵人物

柴田和子總是從老闆開始推銷，因為那是最有效率的辦法。由於老闆是握有決定權的關鍵人物，所以只要使那個人說「Yes」，那麼剩下的就只是一些事務性的工作了。因此，柴田和子認為，行銷人員必須要具備能洞悉誰才是關鍵人物的能力。柴田和子認為，一個有效率的做事方法，就是將那些已經建立的人際關係資源，活用在各個企業集團之中。因為每個人總有親戚、校友和鄉親，所以柴田和子常常從這些關係中開展她的事業，而她總是能夠將這些人際關係資源靈地活運用於工作上。如果前往企業推銷團體保險，那麼柴田和子總是以這個企業的母集團為著眼點，只要與企業集團的總公司簽下了契約，那麼該公司所屬企業集團的人際關係資源，也自然囊括在其中，這樣就可以迅速地擴大自己的行銷市場。

♦人情練達促使成功行銷

柴田和子非常尊重他人，絕對不會帶給別人任何不愉快，也從不延誤與別人的約會時間。即使對方是自己的祕書，她也認為，如果讓他在嚴寒或是酷熱的地方等候，也是不人道的，如果一定要讓某個人受熱或是受凍，那麼她寧可自己去承受那種痛苦。柴田和子常常說：「保險行銷要成功，就必須要懂得體諒別人，也就是人情練達。」因為行銷絕不是一個人唱的獨角戲，更不是一味拚命的埋頭苦幹。如何開啟對方的心扉，使對方更加信賴自己，才是最重要的。要想達成這個目的，就要更多地體恤對方，常常站在對方的角度為對方著想。

第七章
網路行銷，E 世代的必修課

網路行銷就是以網際網路為媒體，利用數位化的資訊和網路媒體的互動性來輔助行銷的一種新型的市場行銷方式。簡單地說，網路行銷就是以網際網路為主要方式進行的、為達到一定行銷目的的行銷活動。在這個全球網路化的時代，不懂網路行銷，要想把企業做大，無異於痴人說夢。

網路行銷革命，數位時代的行銷新風潮

♦網路行銷的突出表現

比傳統行銷更具魅力的網路行銷，從傳統行銷中分離出來。它藉助於網際網路、電腦通訊、數位互動式媒體，是一種全新的行銷形式。網際網路具有通路、促銷、互動服務、電子交易、市場資訊收集與分析等多種功能，兼具聲、光、形、色、字等多媒體的展示及互動的特點，並且能夠跨越時空。可以說，網路行銷是一種誰都無法阻擋的行銷模式的革新，突出表現在以下幾方面：

1. 企業與消費者共同執行行銷

行銷策劃通常有兩種難題：一是如何將產品資訊，更多、更準確地傳遞給目標消費者；二是及時了解目標消費者對產品有哪些看法。作為第四媒體，網路將這種大規模的互動行銷設想變成了現實。網路行銷使企業真正實現了，以市場的需求導向代替產品導向，以個性化的需求代替共性化的市場。消費者能夠透過網路，與企業面對面探討個人需求的任何方面，藉此企業也可以及時了解消費者的現實需要和價

值追求，為每個消費者設計個性化的行銷方案，變「按類細分」為「按人細分」，以網路的成本經濟為基礎，由企業與消費者共同執行完成行銷，使消費者能夠直接參與企業的產品設計，參與行銷方案乃至企業形象的策劃。

2. 全球性的全天行銷形式

網際網路可以跨越時空，每天 24 小時不間斷工作，這使得網路行銷迅速成為全球性全天行銷的新形式，使得資訊生產力 —— 這種軟生產力的作用也被彰顯出來：全球行銷，突顯資訊，信用保障，安全第一。擁有了資訊，就可能架設起高效溝通的資訊金橋，與供應商、仲介服務組織、消費者以及政府進行高效溝通，從而找到實現企業目標的最佳路徑。

3.4C 理論行銷的內涵更加豐富

現代行銷管理的 4C 理論，是以消費者的需求為中心重組企業，使企業在行銷活動中，可以針對每個消費者進行「一對一」的傳播，形成一個整體的綜合印象和情感認同。現代 4C 行銷組織更趨向於扁平化、矩陣式結構，能夠增加管理的跨度，縮短管理層次，降低管理重心，增強企業的橫向溝通，減少溝通障礙，從而使現代企業的架構更容易建立。4C 理論使行銷的內涵更加豐富，如主動創造環境的「大行銷」，關注環境協調的「綠色行銷」，以及注重與消費者、經銷商、供應商、競爭者建立良好關係的「關係行銷」。

♦網路行銷的創新模式

網路行銷是對傳統行銷的創新和補充，運用網路行銷重在創新模式。但是網路只是工具，行銷才是目的。因而傳統行銷的理論，同樣也適合於網路行銷。網路行銷的創新模式一般有以下幾種：

1. 百貨公司網路化

由於傳統行銷的百貨公司，在某個區域或多個區域，已經形成了一定的影響力，擁有穩定的消費者。如果將這種行銷移植到網路上，就會做成網路品牌，與傳統的行銷方式並列執行，成為網路行銷的基本創新模式。網上的百貨公司能做到「逛一家網站，選百家商品」，而且藉助傳統百貨的門市展示、銷售通路、銀行結算、物流等行銷策略做後盾，百貨公司網路化可以說是一種成功的模式。尤其是它的門市，可以更好地造成實物展示中心的作用，而銀行結算始終享有很好的信譽，當然會擁有一批忠實的客戶，這些都是其他行銷模式所無法比擬的。

2. 網路批發市場

傳統行銷的批發市場，具有品種齊全、品牌雲集、定位專業、分類詳細、價格可比、人流和物流量大等多種優勢，是一種成功的行銷模式。如果將這一模式移植到網路上，就可以將網路批發市場做成商業網站，首頁相當於批發市場的人口，各類商品的目錄分類存放，客戶可以根據自己的需求，搜尋或點選連結，找到相應的商品目錄分類，然後就在分類中尋找所需要的商品。

3. 網路連鎖店、專賣店

和傳統行銷的連鎖店或專賣店一樣，在網路上開連鎖店、專賣店，也可以同樣具有傳統專品專賣、連鎖經營、統一產品、統一價格、統一服務等特點，很容易達到「標準化」行銷，再加上完善的物流配送等優勢，成為最容易移植到網路上的一種網路行銷模式。

4. 供應鏈或產業鏈的整合行銷

現代企業行銷的競爭，在相當程度上就是供應鏈的競爭。從宏觀上看，產業鏈是一個地區產業成熟的一個象徵。供應鏈上的企業，以各自的實力，組合成鏈主企業的綜合實力。利用供應鏈上企業的銷售途徑，進行資源整合，進而形成一站式銷售和捆綁式銷售，就可以形成立體的網路行銷體系，最終實現所有關聯企業的多贏。一條完善的產業鏈，可以無間隔地直接移植到網路上，形成一條網路資訊交易鏈。

5. 產品或服務的特色行銷

這裡的特色行銷有兩種含義：一個是指特色產品，如古玩字畫、奇珍異貨等。還有一個是指特色服務，如團購、拼車等服務。而這種服務更要注意突出特色，才能成為網路行銷的賣點。

6. 目標市場的細分

與傳統行銷相同，網路行銷也要進行目標市場定位和市場細分，如目標市場要定位到百貨公司，還是定位到批發店或專賣店。網路行銷的優勢，主要就是資料傳輸。因為網路本身並不能傳輸有形商品，實物交割依然要依靠物流配送來完成。

♦創新網路行銷模式需注意的問題

網路本身雖然並不能生產商品，但是卻可以成為網路行銷中一個重要的交易場所和平臺。據調查，目前限制網路購物的因素有以下幾種：

- 上網有一定的侷限性。上網人群以受過中高等教育和年輕人為主，中老年人和受教育程度較低的人群上網較少，絕大部分人都屬於自學上網，只會簡單應用，無法處理軟硬體故障。
- 網路行銷的安全支付，牽涉商家、客戶、網路銀行、支付系統等因素。要想確保有效的支付與傳輸，可以從提升技術、加強管理等兩方面入手，強化解密、認證、網路安全技術，加強網路監管，建立商家與消費者個人的信用機制與導向等。

- 使用者期望值過高，網路上展示的物品，使用者可能會感到與到手的物品存在一定差異。因為網路多媒體展示的圖片，與實物本身會有色彩、大小等多種差異，使客戶思考網路行銷是否真的更實惠、更便宜、更方便，是否真正的更安全可信等等。
- 配送與交易同等重要，而網路無法完成有形實物交易，需要透過物流配送來解決。如果消費者所處地域過於分散，或商品的數量與金額過低，都可能導致成本過高，影響網路行銷的價格優勢。需要與技術管理成熟的配送公司結合，實現配送與交易同等優化。這就需要對物流配送的方案、效率和成本進行綜合設計。
- 網路行銷失去了實物展示的場所。而作為客戶需求的一部分，商品實物展示的購物體驗是不能被忽略的。可以在一定區域或範圍內，建立配套的商品展示中心，形成商家、物流公司、客戶與網路共存的立體網路行銷。
- 無論從行銷的技巧，還是從網路應用的角度來看，分類和搜尋都成為網路行銷的兩大核心需求。對商品進行分類，有利於縮小商品的搜尋範圍，而搜尋可以快速定位到目標商品。因此，對商品進行分類和搜尋，更應納入架構設計。

- 在網路行銷中，為了贏得客戶的認同和信任，建立和提升網路品牌就顯得至關重要。建立網路品牌，可以從技術和管理兩方面進行。從技術方面確保網路平臺長期穩定、安全可靠執行；從管理上利用傳統媒體加大品牌的宣傳力度，發揮消費領袖的引導帶動作用，為客戶提供實惠的服務和貼心的關懷。

在五花八門的網路廣告中脫穎而出的竅門

媒體具有一種巨大的力量，因為媒體能夠影響人的精神，而精神指導著人的行動。在這方面，網路媒體似乎超過了任何一種媒體，彷彿是一把雙面刃，可能讓一個人在瞬間竄紅而家喻戶曉、一夜成名；也可能讓一個人遭遇暴力的人肉搜尋，被人詆毀，被人誣陷。網路這個平臺之所以時刻都在考驗著人們的道德底線，就是因為其具有更大的開放性。然而大多數的人，是因為有著相似的價值取向而聚在一起，但人多也未必就是好事，盲從最容易使人失去判斷力。在網路廣告氾濫的時代，太多的網路行銷曇花一現，能夠讓人回味無窮的少之又少。但是日趨成熟的網路行銷，必然會更加注重品牌管理，使自己在競爭中脫穎而出。

隨著資訊傳播媒介的多樣化發展，消費者獲得各種資訊的通路也越來越豐富，資訊的內容也越來越趨向全面透明。企業行銷的品牌形象，便是在這種沒有頭緒的雜亂資訊傳播過程中形成的，很多品牌瞬間就被淹沒，再難引起消費者的注意。而當網路一旦流傳對某個品牌形象不利的資訊時，氾濫無章的資訊就會使不利的情勢快速惡化。面對輿論的攻擊，企業可能一時手足失措，不能集中精力理性地解決問題，失去扶助品牌度過危機的時機，就很難利用公眾的注意力，轉危機為時機，企業的發展就會失去保障。

其實，事態並沒有想像中的那麼難以控制。那麼當危機來臨的時候，企業如何才能從容應對？在紛紜的資訊群中怎樣脫穎而出，不被大眾的視野埋沒呢？想要使企業的發展處於長期穩固的狀態中，合理的專業品牌管理和發展規劃都是必不可少的。因為多而快的網路環境，不是只能給企業帶來壓力和危機，如果企業能夠很好地利用網路平臺，就會擁有無限的機遇。網路使用者數量極其龐大，企業一旦在網路中獲得了一席之地，便能夠獲得無數潛在消費者的注意。網路傳播資訊的速度非常迅捷，引起網友注意的任何資訊，都會在瞬間迅速傳播開來，輿論的力量是不可估量的，因而很多企業的成敗，往往依賴於輿論傾向。

在資訊時代，企業要想長久屹立不倒，就必須樹立起良好的品牌形象。這就要求企業必須有科學合理的品牌管理策略，才能建立良好的品牌形象。在網路時代，只有專業的品牌管理，才能更好地幫助企業樹立和維護好的企業形象。而企業形象，又關乎企業的經濟效益乃至社會效益，這是企業得以長期發展的必經之路。

♦品牌的孵化和撫育

良好的企業品牌形象並不是自發形成的，而是需要企業的產品和服務品質都要優質，在此基礎上，才能有意識有目標地樹立品牌並維護品牌形象。品牌打造從來都不是一朝一夕就可以完成的事情，因為這是一個複雜而系統的管理工程，是關乎企業生存發展的大事，需要對企業、對市場有深透的研究和專業的分析，對企業發展有深入細緻的策劃和強而有力的實施。

首先要進行詳細的市場調查，這是品牌誕生的第一步。只有掌握市場的供求情況，掌握了產品的生命週期，才能對品牌的誕生與發展有合理的預計。企業要想獲得長久的生命力，關鍵要靠專業的品牌管理策略。只有結合市場調查和產品分析，企業才能自如地執行品牌形象，發展品牌管理。為此，就要建立一支專業的品牌管理團隊，這是順利完成企業品牌的孵化和撫育目標的體系保證。

♦品牌的危機救助

天有不測風雲，人有旦夕禍福，企業也免不了會遇到突發狀況。當調味料中發現含有「蘇丹紅」，這些資訊在網路中迅速傳播開來，公眾的關注使問題無處遁跡，企業又是如何採取措施，成功拯救自己的品牌形象？為了保護產品的聲譽，追根究柢查出了問題所在，並寬宏低調接受了相關單位因檢測失誤而進行的道歉，在穩妥度過品牌危機的同時，也樹立了健康和諧的企業形象。

事實證明，當企業品牌出現了危機，只要及時做出反應，找出有效的對策，有力地引導輿論導向，就會重新獲得輿論的支持，恢復原有的公信力，甚至還會在更深程度上得到大眾的理解支持。只要有誠懇的態度、嚴謹的精神，企業會重新獲得公眾的理解和信任。企業品牌管理，不只是品牌的樹立與發展，還要有效應對和處理企業的品牌危機。堅持對企業品牌形象進行及時有效的救助，才能在競爭白熱化的資訊時代，始終穩步向前、持久地成功發展下去。

♦品牌的公關危機

那些出現了品牌危機，卻沒有得到及時有力處理的企業，已經沒落得早已被大家淡忘。那麼當企業遭遇意外的情況，品牌形象受到了衝擊，企業又應該如何應對？我們知道，公關危機是品牌管理的重要組成部分，不但要制定科學合理的品牌發展策略，更要有成熟細緻的危機應對措施，這也是非常重要的。對於危機，首先當然就是做好預防。但是如果危機真的發生，企業也不必驚慌，要經得起接踵而來的輿論衝擊和市場衝擊，在經濟環境和社會環境動盪不安的情況下，企業更要有誠懇的態度和責任擔當。因為公眾需要知道，企業是負責任的，只有這樣才能獲得公眾的理解。其次是要積極採取挽救措施，儘管企業面臨著外部環境的混亂，但要穩住內部運作，冷靜地分析情況，迅速地做出反應，以合理解決問題。最後是企業對公眾能夠理解原諒的感恩，並要兌現回饋。

網路資訊氾濫的今天，如何掌握好企業的明天？是默默無聞地在資訊的海洋中被淹沒，還是透過專業的品牌管理，使企業從產業、從市場脫穎而出？相信各位讀者各有己見，卻終將「萬見歸宗」—— 品牌管理是時代潮流的大勢所趨。面對網路資訊氾濫的進一步來襲，企業的機遇和挑戰也在日漸增加。誰能看清歷史發展的方向，誰就能占據自我發展的先機！

第八章
售後服務，行銷的延續

一個完美的行銷過程，不僅包括售前服務、售中服務，更包含售後服務。客戶對一個企業的整體行銷評價，不僅是對行銷人員、產品本身的評價，更有對售後人員的評價。在一定程度上說，售後對客戶而言尤其重要。

售後服務也是行銷的一環

行銷大師原一平說：「行銷前的奉承，不如行銷後的周到服務，這是製造永久客戶的『不二法門』。」長久以來，在家電、家具、汽車等耐用消費品產業，一直非常重視售後服務。隨著各國進入全球化競爭、跨文明管理、多元資源支持的商業時代，供應商、商家、消費者面臨的環境變遷得十分迅速，商機稍縱即逝，售後服務開始逐漸成為每一個品牌不得不關注的焦點。眾多行銷人員也意識到，售後服務其實是一種潤物無聲似的行銷，做好了售後服務，能夠更好地提升品牌形象贏得客戶促進銷售。

產品的售後服務直接關係到一個產品品牌形象，以及關係到一個企業的生存與發展。同時，幾乎每一個品牌都發出了這樣的感嘆，那就是售後服務難做，客戶的要求越來越細、越來越高、越來越多。即使再難，也要做！因為缺少了售後服務你所銷售的產品就不是一個完整的產品，一個不完整的產品在市場上是沒有任何出路的。

♦觀念

「觀念」一詞的基本意義：客觀事物在人的頭腦裡留下的形象，一般是指人對事物的認知程度。一個人的觀念是一個人為人處事的思想基礎，直接影響著他的行為。作為直接從事售後服務的工作人員，更要把售後服務放在一定的高度來看待。實踐證明，在市場競爭異常激烈的今天，把售後服務工作放在任何高度都是不為過的。

♦視角

「視角」是指看問題、看事物的角度。我們從不同的角度觀察一件事物，都會看到不同的景象。因此我們應該在更多時候站在客戶的角度考慮問題，把客戶的問題當作自己的問題來處理。這也就是我們經常說到的換位思考，換位思考是提高工作品質的最有效辦法之一。

♦承諾

在市場激烈的競爭態勢下，每一個品牌及每一個代理商都使出渾身解數吸引客戶，以達成銷售。對客戶承諾是增加產品競爭能力的有效手段，如對客戶承諾延長保固期；承諾為客戶找工程；承諾向客戶贈送配件或其他禮品；承諾客戶終身免除基本費；承諾限時到達現場及限時完成任務等等。

在現實的售後服務工作中，許多客戶的抱怨來自於店家或代理商向客戶的承諾無法兌現。這就要求我們在對客戶做出承諾時一定要考慮自己的實際情況，與自身實際情況及能力相差甚遠的承諾一定不能出口，承諾出口則一定要保證及時兌現！

♦多贏

我們知道售後服務工作的目的不僅是為滿足使用者購買產品以後的服務需求，而且是收集客戶意見與建議，用以提高產品品質的有效手段，每當為客戶解決一個問題，我們自身也就得到了相應的提高，每增加一個滿意客戶，我們產品的市場基礎就更加穩固一些。也就是說，在整個售後服務工作中最終受益的不僅是客戶，也包括生產企業及代理商。良好的售後服務工作在切實解決使用者問題的同時，縮短了生產企業及代理商企業與使用者之間的距離，使生產企業及代理商企業的品牌形象不斷得到提升。

總之，企業競爭發展到現在，客戶售後服務已經不是簡單的、最低要求的禮貌問題，光說應酬話或光說「是」已經不夠了 —— 絕大多數企業早已在這一點上做得很好了。對於處於激烈競爭中的現代企業來說，客戶售後服務方面的競爭直接決定著企業市場營運的成敗。除了優良的產品，良好的售後服務品質已經成為企業的一種核心競爭力，一家企業，售後服務品質必須作為基本素養要求加以重視。一個重視售後服務，不斷改善售後服務品質，提供優質售後服務的企業必然會使客戶更加認可，提升滿意度從而使客戶成為忠誠客戶，直至成為永久客戶。

推銷開始於成交後

當你面試成功以後，終於進入令人魂牽夢縈的新公司。但是一定要知道，這一切都只是剛剛開始，因為真正的自我推銷，恰恰在你參加工作之後才開始。真正的推銷活動也是如此，開始在商品成交之後，而不是成交之前。因為最有效的推銷活動，並不是成交本身，成交不是目的，成交之後還能繼續做生意才是目的。所以在生意交易之後，更需要繼續跟進，跟蹤、調查、了解使用者的情況，以便及時得到最新的回饋資訊，從而不斷改進自己的行銷模式，繼續開展推銷活動。

就像剛剛找到一份工作的業務員，最初進入企業，比起其他職位似乎職位較低，一般來說，新手上路，不但要適應新的工作環境，還要做許多其他的事情。要知道，在公司的內部，業務員也和其他職員一樣，都是企業的一份子。當業務員第一次獨自面對客戶，就是透過自己的誠意和智慧，與客戶達成交易。一個業務員首先需要清楚的是自己的一切都離不開公司與同事所提供的後盾，行銷用的產品說明書，是由公司的廣告部完成的；拿在手中的樣品，是由公司工廠的作業員生產出來的；所推銷的產品，都是由公司的設計部門設計出來的；而行銷人員的業務技能，也是由公司成熟的行銷人員培訓出來的，甚至連現在的客戶，都是從他們那裡介紹而來的。所以沒有公司的這些同事，一個剛剛走入公司的新人，又怎麼可能安安穩穩地去外面推銷產品？所以，當你被一家新公司錄用之後，就要把這個公司作為自己的工作起點，開始認真行銷自我。因為你必須盡可能跟同事打好關係，盡快地融入公司的大家庭中去。這樣做，更有利於進一步開展未來的行銷工作。

♦要盡力表示自己的善意

在新的職位要想做好工作、尋求自我發展，很重要的一方面，就是要在自我行銷中與同事和上司處理好關係。你的老闆和同事只會對你本人感到好奇，在你之前，你的職位已經有無數個人做過，已經沒有任何新鮮感了，他們只會對你這個新人感興趣，想知道你的家庭狀況如何？你業餘愛好是什麼？喜歡吃什麼、用什麼、談什麼？在哪裡購物等等。面對同事的好奇心，可不要認為這是對個人隱私的八卦。實際上，他們在做這些「調查」時的心理，更多只是為了判斷一下，你和他們是否比較相像。

正所謂「物以類聚，人以群分」，如果沒有共同的興趣和愛好，一般是很難建立更為深入、密切的關係。一旦找到與自己相似的人，產生一種溫暖的感覺，因為在這個偌大的世界，自己並不是孤單的，這就是「相見恨晚、惺惺相惜」。如果你和他們比較相像，就會彼此欣賞，更容易接近；如果不像，可能就需要進行更多的溝通；如果和他們之間的差別太大，那麼你們之間就不得不調整思維方式來互相認識。作為團隊的新成員，你更需要花時間和精力，才能被大家接受。在這個過程當中，作為新人，說話、行事都要「小心」一點，要在認真觀察、準確判斷的前提下採取行動。因為你現在還不了解周圍同事的喜好、避諱，一不小心，就可能遭到他們的反感。所以，在別人接受你之前，一定要用非常友好的方式與人相處。在行銷工作中也是如此，一定要盡力表示自己的善意。但是也不要期望每個人都能接受你、喜歡你，只要努力做好自己應該做的事情，「但求問心無愧」。

♦世界上最偉大的業務員

「世界上最偉大的業務員」喬·吉拉德有這樣一句名言：「推銷活動真正的開始是在成交之後，而不是之前。」喬·吉拉德以實實在在的關愛來善待客戶，並為此付出自己最大的努力。他連續 12 年榮登金氏世界紀錄，始終保持全世界銷售第一的寶座。在 15 年的汽車推銷生涯中，喬·吉拉德總共賣出了13,001輛汽車，也就是說，平均每天要銷售3輛，而且全部都是一對一銷售給個人的。這位最偉大的業務員喬·吉拉德，於1928年11月1日，出生在美國底特律市的一個貧民家庭。在剛剛9歲的時候，喬·吉拉德就開始幫人擦鞋、送報，賺錢補貼家用。喬·吉拉德在16歲就離開了學校，成為一名鍋爐工人，卻不幸染上嚴重的氣喘病。到了35歲那年，已經成為一名建築師的喬·吉拉德，蓋了13年房子後，卻賠得一無所有。在他負債高達6萬美元的時候，終於宣布破產了。銀行把他和太太還有兩個孩子，全都從家裡趕了出來，還沒收了他們的車。

太太難過地說：「喬治，我們沒錢了，也沒吃的了，我們該怎麼辦？」為了能夠生存下去，第二天，喬·吉拉德冒著冷風，踏著很厚的雪出去找工作。喬·吉拉德神情有些恍惚地走進一家汽車經銷店，請求給他一份工作。老闆卻略帶嘲笑地說：「我不能僱用你，現在正值隆冬，店裡沒有那麼多生意做。如果僱了你，其他業務員一定會生氣的。順便問一下，你賣過車嗎？」「沒有，可我賣過房子。」「那就更不能僱用你了。」吉拉德懇求說：「只要給我一部電話、一張桌子。我絕不會讓任何一個跨進門的客戶流失，並且我還會帶來自己的客戶，會在兩個月內成為最棒的業務員。」

老闆說聽後對他說：「你瘋了！」

吉拉德回答到：「不！我餓了！」

經過一再懇求，老闆終於給了他一部電話和一張桌子。就這樣，吉拉德開始了他的新生活，也開始了他真正的推銷活動。店門開啟，一位客戶進來了。吉拉德立刻滿懷熱情地開口對他說：「你知道那感覺像什麼嗎？就像一大袋食物直接朝我走過來。親愛的，過來，過來。」於是他用近乎懇求的方式，誠懇地談了大概有一個半小時，吉拉德終於成功地賣了他一生中的第一輛汽車。事後那位他平生的第一位購車客戶對吉拉德說：「喬治，我買過很多東西。但從沒有一個人能像你這樣懇切。」吉拉德確實地兌現了自己的承諾，並沒有漏掉一個跨進門來的客戶。他每天都要打八九個小時的電話，來促成他的汽車交易，還盡自己的所能做好售後服務，把自己的善良與關愛及時地傳播出去，從而把真正的推銷活動落實在成交之後。就這樣，僅僅過了 3 年，吉拉德就成為「世界上最偉大的業務員。」直到 1977 年的聖誕節，49 歲的喬．吉拉德送給自己一件特別的禮物，那就是退休。父親曾經認為他是個四處遊蕩的笨蛋，而母親卻堅信他一定會成功，還鼓勵他要證明給父親看。於是喬．吉拉德真的證明給父親看，他到世界各地「四處遊蕩」，他不但不是笨蛋，而且還成為全球最受歡迎的一位演講大師，先後為世界 500 強中的很多企業菁英傳授他寶貴的行銷經驗。

服務大於銷售

在一家企業裡，只有銷售才能夠產生利潤，也只有銷售才能夠創造最直接的價值。我們也知道，企業中除去銷售，其他的一切都是成本，其中當然也包括服務成本，而且服務是一種特殊的成本。服務能夠為行銷創造口碑，口碑直接影響銷售的業績，所以行銷服務的好壞最終決定著企業的利潤。所有成功的行銷經驗都表明：服務可以創造口碑，服務能夠提升銷售量，服務最終成就銷售人員。因此可以說，服務才是行銷的最高境界。在企業行銷活動中，良好的服務甚至要勝於銷售。

♦服務決定口碑，口碑影響效益

銷售的宗旨，就是透過打動消費者完成購買行為，從而讓企業獲得利潤。在購買行動中，那些對產品和服務都感到滿意的客戶，如果願意將自己的購買經歷告訴別人，並且能夠如此反覆一傳十、十傳百，那麼這種力量將是無比巨大的。因此，在行銷中重視營造產品與服務的口碑，實現消費者口碑宣傳，這無疑是最好也是最物美價廉的廣告形式。在當今社會中消費者快節奏的工作和生活，缺乏足夠的時間來仔細研究各類產品和服務的時候，這種來自親朋好友或同事上司以及網路的消費體驗，對消費者的決策造成至關重要的作用。如人們想要夠買房子，總是會先到要買的房地產社群，去看一看那裡的人是怎樣評價的。很多人想買數位產品，總會到網路上先參考權威的評測結果，再看一看人們使用的感受。很多人甚至在去吃美食之前，都要先打聽一下哪裡的餐廳最有特色。

當消費者要想購買某類產品的時候，頭腦就像搜尋引擎一樣，先檢索檢視親朋好友同事有沒有類似的消費經歷，打聽經驗，把這些經驗作為選購的重要參考依據。如果企業在行銷服務中，給客戶帶來的都是好印象，那就是贏得了好口碑。但是如果產品或服務遭受很多人的批評，甚至你還不知道有人在講你產品的壞話時，那就很危險。因為口碑阻擋了一部分客戶，影響了企業的效益。

♦消費者得到實惠，才會口碑相傳

很多企業也是把「以客戶為導向」作為經營理念，但是往往在執行中卻會出現偏差，如行銷人員的專業銷售能力不強，有的人不考慮客戶的需求，兀自喋喋不休；有的人對遲遲不能拿定主意的客戶說三道四；有的人甚至對那些沒有購買動機客戶冷眼相向。這些錯誤行為，都會促使負面資訊的快速傳遞。消費者在消費體驗中，更容易記住那些不足之處，所謂「好事不出門，壞事傳千里」，一點不足，甚至可以超過十點好處。

企業在行銷中，要想贏得好的口碑，只能面對消費者這種心理狀態。要想方設法，讓那些對你的產品產生興趣的客戶感到滿意。行銷人員只有用誠懇服務，打動客戶，客戶才能主動傳播你的產品的好處。即使有些客戶沒有打算購買你的東西，但你的表現也要讓他們感到滿意。有的客戶也會因你的真誠，最後改變主意決定購買。好的服務必然可以形成好的口碑，但是這樣做，企業會不會花費很多人力成本？對此大可不必擔心，因為和那些惹消費者心煩的廣告相比，企業所付出的這種投入要划算得多，無論是對消費者還是對企業來講，也都更為實惠。成功的企業行銷，就是要在服務中多為消費者著想，多考慮消費者的感受，重視他們的聲音，在企業行銷服務中消費者切實得到了實惠，才會口碑相傳。這樣，企業才可以多賣產品、多賺利潤。

♦重視意見領袖，促進正面傳播

應該注意到，在行銷傳播的受眾者中間，存在著一類喜歡評頭論足的「專家」。這些人不一定消費，可是你一旦進入他們的視線，就會一下子變成他們講評的對象，稍不留神就會落下話柄，變成他們四處傳頌的反面教材，這些人就是所謂的「意見領袖」，每個市場都有這樣的意見領袖，如 IT 界的評論人，可以憑藉一篇廣為流傳的文章，將一個 IT 企業的經營策略，或者貶斥得一文不值，或者名聲大振。那些汽車迷，也會主動告訴別人，哪類汽車有什麼效能，有什麼特點；走在時尚前沿的人，也會告訴別人什麼才是最時尚，一經流傳就會捲起消費潮流等等。

意見領袖既存在於專業的人士中間，也存在於普通的消費者中間。如鄰里裡人緣好的老太太，就是那個區域超市的意見領袖，她說好的東西常常會引來很多人購買，要是她感到不滿意，其他人也會跟隨，這種東西可能就不好賣。在某些產品領域，政府官員或大學教授，都可能成為意見領袖，因為他們的話有權威感。所以就要重視這些意見領袖，特別是其中非常挑剔的消費者，他們不僅能夠傳播好的口碑，還能像參謀一樣為你提供決策意見。所以要提供意見領袖足夠豐富的資訊，不要讓他們去曲解，而是對你的服務有一個準確的認識，必要時還可以透過一些公關活動，將這些人集合起來，幫助你正面傳播你的產品和服務。

♦如何在服務中，埋下口碑的種子

究竟是什麼原因，才能讓消費者記住並想起你？憑什麼才能讓更多的人在各種場合自覺地推薦你？除去必須給消費者留下愉快的消費經歷之外，更重要的是，要使自己的服務能在消費者中埋下口碑的種子，促動人們主動去傳播，並且在與人交流中推薦你，這就是說，提供給消費者的服務已經獲得增值。就好像吃東西，只有回味無窮，才會下次繼續來吃。嘗試以下的幾種服務方式，就會讓消費者讚不絕口，並常常得到意外的驚喜：

- 贈送一些令消費者感到意外的小禮品。人們在購買你的產品之後，如果獲得意外的收穫就會很開心，常常會愉悅地向別人展示，自己所購買的產品物有所值，因此常常準備一些和產品相關的副產品，或是印有公司標誌的物件，也可以是消費者喜愛的小禮品，如鑰匙圈、掛曆等，都是非常好的物品，能夠提升行銷的口碑。
- 在消費者離開時，不要忘記送給消費者一張精美的連繫卡片，或者是產品手冊、公司刊物等。不論消費者對產品有沒有興趣，他們都很願意收藏那些精美的東西，因此印有公司地址和產品介紹的精美卡片、產品手冊或是企業內刊，都會成為日後的回憶，種下消費的種子。如果有人已經購買了產品，更要多送兩份這樣的禮物，因為消費者在介紹給別人的時候，手中就擁有一個憑證，你多給一個，消費者就會多送給別人一個，他就成為了無償的業務員。如果消費者主動索取，更應該毫不猶豫地遞過去，消費者是因為喜歡才想要一份，如果拿去和別人炫耀，不就是在幫助你行銷，做口碑嗎？

- 定期開展客戶酬賓活動。每年都要定期進行促銷或酬賓活動，如節假日或是企業年度慶典等，這些活動能讓消費者感覺受到了關注，常常會因此前來消費，甚至成群結隊地跑來一起消費，但是要注意，這樣的活動不能天天做，一定要讓酬賓名符其實，使消費者在活動中真的得到實惠。
- 讓消費者成為尊貴的客戶。每個消費者都希望成為企業的貴賓，如在電信門市或者銀行辦理手續，誰都希望得到優先服務，在餐廳，消費者也希望在下次來時能被記住，並給一些優惠。因此企業應該送給客戶貴賓卡、優惠卡，提供消費者喜歡的特別服務，就會讓產品和服務細水長流。
- 消費者都希望能有專業的消費輔導。因此企業推出新產品的時候，在不打擾客戶的基礎上，應多提供一些消費指南。如產品的宣傳手冊，或者開展體驗活動，讓消費者直接感知產品和服務的價值與特色，及時傳遞企業的資訊，向消費者郵寄或發送客戶手冊等，都能在消費者中形成好的印象。

- 關注消費者的回饋。如果消費者提出建議，千萬不要告訴他們「辦不到」，而是將他們的意見收集起來，在適當的時候，告訴客戶你們為此採取了什麼措施。如果行銷人員不能正確對待這些意見，就會打擊消費者的積極性。為了能讓消費者感到自己被重視，甚至可以出版他們這些意見。他們就會為此去宣講自己幫企業提意見的故事，從而吸引更多人前來光顧。

成交失敗後該如何跟進

在企業行銷中，行銷人員無外乎會面臨兩種情況：與客戶達成交易；與客戶不能達成交易。成交當然是可喜的，成交後還有許多工作需要進一步去做。但是如果成交失敗，也不必氣餒，因為這並不表明從此再無成交的希望，只要妥善跟進，依然能贏得成交的機會。所以在行銷中，無論行銷人員是否與客戶達成了交易，都要進行「跟進」。妥善做好售後跟進服務，會使客戶獲得真正的滿足感，為日後能夠再次購買奠定基礎，使沒有購買產品的客戶依然對企業行銷人員留下深刻的美好印象，為以後成功推銷創造機會。而且在成交失敗之後，行銷人員只要能夠痛定思痛，進行深入的自我檢省，就能夠不斷改進行銷方式，從而提高行銷成功的機會。

♦成交後的跟進策略

當客戶對行銷人員的銷售建議，達成了一時的合意，進而完成購買，意為「成交」。而「跟進」是「成交」之後的連續行為，兩者配合默契，才能使客戶達到滿意。這就需要行銷人員做好多方面的跟進服務。

1. 成交之後要對客戶表示感謝

在成交之後，行銷人員要在適當的時機，向客戶表達謝意。致謝的時間，最好在交貨後的兩三天內。可以透過網路、書信、電話或親自登門等方式表示謝意。

2. 交貨前做好檢驗

談成交易後，如果行銷人員親自前去交貨，那麼在交貨之前，首先應進行查驗，如有瑕疵、缺陷，一定要立即更換，以免在送到客戶那裡造成不良印象。如果由其他人送貨，行銷人員也應與有關人員密切連繫，督促做好檢查，核對好訂單，避免發生問題。當交貨完畢後，再打電話或用通訊軟體，及時向客戶詢問是否滿意。若有問題發生，就應及早解決。這種先檢驗再交貨的跟進行動，可以避免因商品存在問題而引發客戶不滿，從而更好地維護企業形象。

3. 確保測試安裝的進度和品質

對於需要技術人員負責安裝的機械或工程專案，行銷人員一定要確保安裝的進度和品質。在安裝完畢後，還應進行復驗，確保萬無一失。客戶若有疑難問題，行銷人員要積極設法幫助解決，務必確保運轉正常。

4. 傳授維護、保養和修理常識

對新上市或使用方法比較複雜的商品，客戶多半所知有限，所以在成交之後，需要行銷人員對使用者進行認真的使用操作培訓，避免因操作不當導致故障，影響產品功能的正常發揮，甚至造成傷害事件。行銷人員還應傳授日常維護、保養和修理的常識。這種售後對客戶的培訓服務，是行銷人員應盡的責任，尤其是某些特殊商品，更是不能有絲毫馬虎。

5. 請客戶出具滿意的書面證明

如果客戶對一切跟進都表示滿意，行銷人員就可以請客戶對商品和服務進行評價，出具客戶滿意的書面證明。這種證明對說服其他客戶，往往具有極大的作用。

6. 與客戶建立長期的業務關係

行銷人員透過良好的售後跟進，才能與客戶建立長期的業務關係。一旦建立了連繫，業績不但得到了確保，而且還為日後進一步擴大銷售，奠定了基礎。

7. 成功跟進引發客戶重複購買

如果之前的跟進策略做得成功，客戶自然對商品和服務感到滿意。這樣一來，對誘導客戶進行重複購買就會大有幫助，引發客戶的連續購買決策。重複購買既是客戶對前次購買結果的肯定，也是進行下次再買的先決條件。

◆分析成交失敗的原因

當成交失敗已成為不可挽回的定局時，普通的銷售人員束手無策，但是優秀的行銷人員，往往能置之死地而後生，化不利為有利。這種轉化之道，關鍵就在於行銷人員能夠「外究內省」——既要分析成交失敗的外在原因，又要自我檢討行銷中可能犯了哪些過失。

客戶不購買的原因，有些行銷人員可以自行調整，如產品價格、交易條件等；有些則是行銷人員無法解決的，行銷人員可以在企業允許的限度內，盡量滿足客戶的需求，做適當的調整；但是商品本身的原因引起成交失敗，如商品的品種、品質、式樣、包裝等，如果不能符合客戶的需求，行銷人員就應及時了解這些蒐集到的需求情況，回饋給企業。

成交失敗必有內在的原因，所以行銷人員一定要經常進行自我檢查，仔細排查自己在面談中可能存在哪些過失，致使成交失敗。認真分析失敗的原因，吸取其中的教訓，有益於今後的成功。行銷人員可以就整個推銷過程，對以下幾類問題加以深刻反省，一發現有不當之處，就要設法盡快去補救改正，以便日後順利成交。

- 是否準確了解客戶的需求和購買動機？在行銷中運用的訴求，是否與客戶的需求和購買動機相一致？

- 是否能引起客戶的「注意」？是否能主導客戶「眼看」、「耳聞」的決策行為？
- 在面談的時候，能否激發客戶的購買欲望？
- 如果客戶提出異議，是否能靈活應用轉化技巧進行妥善的化解？是否能夠加深對自身、企業及行銷業務的信心？
- 成交階段，是否熟練運用各種成交策略和技巧？能否引導客戶立即採取購買行動？
- 個人的「儀表、風範」和「態度」，是否表現得恰如其分？

♦轉敗為勝的跟進策略

企業行銷，原本就是一項兼具技術和藝術雙重性質的工作任務，需要行銷人員不斷觀察、探索、研究、評估、實踐和檢討，這樣方能不斷提高業績。特別是在成交失敗之後，行銷人員更要善於採用跟進策略，力爭轉敗為勝。可在成交失敗後，有些行銷人員會選擇就此放棄，而那些成功的行銷人員總是選擇繼續跟進。如果一失敗就放棄，那麼與這位客戶也就徹底失去任何交易機會。可是在失敗之後，如果行銷人員積極採取跟進策略，有可能創造新的成交機會。這種成交失敗後的跟進策略，可分成以下幾種：

1. 跟進回訪前一再檢視客戶

就是要重新檢視客戶的購買需要和動機，對客戶的購買行為進行一再探討，對準客戶的條件也要一再審查，尤其要認真分析客戶拒買的理由。例如，如果客戶只是因為一時手頭拮据，並沒有其他強烈的理由，就非常值得行銷人員與其保持連繫，繼續跟進回訪，以期在不久的時日，能將成交失敗轉為成功。再如，若是發現客戶並沒有因成交失敗而失去興趣，只希望在包裝、交貨期、付款等阻礙消除後再做商談，那麼行銷人員也可以繼續進行回訪，設法突破或超越障礙，促成交易。

在跟進回訪前，行銷人員應該一再檢視客戶，不能過於主觀，更不能過於情緒化，而是以一種冷靜的心態，進行客觀分析和理智判斷。在行銷人員感到自己的個人修養和經驗已經不足以應付當前局面時，也不妨請求他人，必要時甚至可以直接向客戶求教，也會產生有利銷售的效果。

2. 跟進回訪的合理計時

合理計時，就是指行銷人員在跟進回訪時，回訪的次數多少，每次回訪時間的長短都要合理。這個問題要從兩方面檢視，一是要看所推銷商品的性質，二是參考特定產業常被接受的訪問比例。某些結構簡單、價值低的產品，經過一兩次面談就應成交，每次所談的時間也並不長。但有些產品結構相當複雜，價格也比較高，所以往往要經過多次長時間的洽談、報價與回訪，還要根據建議及時進行修正等，才能完成交易。

3. 翻新布局，嘗試殺手鐧

既然是因為成交失利而進行跟進回訪，那麼也就意味著行銷人員原來所採用的推銷策略和技巧一定有不妥當的地方，值得商榷，所以在跟進回訪時，必須改弦更張、另行設法，以便翻新布局，用新訴求方式對客戶進行試探性跟進回訪。如果這時候，行銷人員的跟進回訪依然陳腔舊調，就必然會引起客戶的反感。倘若客戶對商品依然不能產生興趣，不妨提出小量試用或部分代購的建議，先行建立一個前衛的據點。這種方法可以讓客戶親身試驗產品，實踐證明是非常有效的，也可以作為最後的殺手鐧來用。

案例：豐田，如何改進滯後的售後服務

2004 年 9 月 1 日，某汽車集團股份有限公司和豐田汽車有限公司共同出資，成立了全新的有限公司。自成立之日起，該公司就圍繞著客戶的需求，確立高起點、高標準的「尊貴、貼心」的核心價值理念，就是使消費者對車輛的維修品質感到放心、貼心，同時在售後服務中得到尊重、感受尊貴。公司的未來發展目標是，消費者一提到該公司，就會想到卓越服務。其始終貫徹客戶第一的企業宗旨，透過汽車創造美好生活、服務和諧社會，為客戶提供高品質的產品和服務。企業發揚腳踏實地、勇於挑戰的精神，打造具有世界競爭力的企業，向構築世界頂級的汽車製造、銷售、服務體系這個目標邁進。該公司投入了 Camry、Yaris 等車型，以卓越的產品、創新的通路和先進的工廠，三位一體的品質體系，為客戶提供了前所未有服務保障。

♦打造先進的售後服務體系

為了進一步完善售後服務，該公司首先匯入先進的 E-CRB 系統，即智慧化漸進改善客戶關係的構築系統，為客戶帶來了高效而又便利的資訊化服務。主要包括 I-CROP 系統，能夠為客戶提供人性化的提醒、預約服務。還推出「心悅服務」品牌，承諾「專業、便利、安心、尊貴、信賴」，強化終端執行力。以技術化的服務體係為基礎，擴大服務覆蓋面，全面開展 TSM 專案，增加了技術分析室、E-CRB 客戶支持中心等等。客戶可以坐在舒適的環境中候車，透過 CS 看板就能隨時掌握汽車維修保養的進度。而快速保養，則是以 JIT（Just in time，及時生產）為基礎，配備先進、系統化臺車，打造先進的車輛保養化服務，全方位改善售後服務。

為了及時了解客戶對售後服務的意見和建議，公司還在門市設定了一對一面訪調查維修接待處。接待處的各種設施及服務，完全可以媲美五星級酒店的客戶休息區。甚至還委託第三方，對客戶進行 7 天內電話回訪，將客戶的意見和建議迅速回饋到對應的銷售門市，在規定時間內進行回應，確保客戶滿意。

♦探索服務新模式，開展系列活動

除去向客戶提供滿意的常規性服務以外，該公司還一直探索新型的服務模式，為車主提供更高層次的關懷服務。在出遊的高峰時節，先後在熱門城市，推出了戶外移動服務站，為出行車輛提供免費檢測、簡易保養維修等服務專案，為客戶提供各種參與體驗活動和地域主題活動。專家認為這種售後服務是突破常規的嘗試，為產業售後服務體系突破同質化困境，帶來新的思路。

此公司甚至還開展「夏季愛車健診活動」、「雨季關愛活動」、「安心服務月」、「汽車養護學堂」等系列關懷活動，為客戶傳遞愛車護車知識，及時幫助車主對愛車進行保養，實現「安心」駕乘。並開展「安全駕駛訓練營」活動，透過專業課堂教學與實踐訓練相結合的形式，向車主傳遞預防險情、緊急應對和安全駕駛的知識技能。堅持不懈地持續提高服務品質，贏得了肯定與好評。

♦改善品質和流程

該公司對未來充滿了信心，但是提高服務品質，需要恆久的務實行動。在品牌強化活動、人才培養和環保公益活動等方面，也依序開展了很多工作。為了提高客戶的用車體驗，該公司一直在不斷地進行改進。首先在定點選擇一些模範店進行改進活動，再根據模範店的經驗，制定整體改進計畫，再將改進的成果向所有銷售門市推廣展開。在品質和流程的改善方面，匯入工程之間進行檢查的體制，實行下流程對上流程進行品質檢驗的辦法，杜絕了不良品質流入後一流程。經過改善後，維修門市的鈑噴品質得到顯著提高。

對於流程的改善，從早上一上班開始，直到工作結束下班，對技師進行分別追蹤調查，調查的狀況就是作業狀況和作業的內容。為了提高鈑噴作業效率，對鈑噴工廠生產線進行改善，對存在的問題制定相應的對策。按照不同的損傷類型進行分類，對維修工位進行劃分，同時還對停車場進行管理。

♦生產線化作業的改善

在原生產線化作業中，由於存在滯留，使每臺車從開工到完工的時間都不一樣，從而導致不能準確回答客戶的交車時間。經過改善後，將作業流程合理分割，配製適當的作業技師，同時規範各流程的作業步驟，把作業分割為 8 個流程，並設定每個步驟為 53 分鐘，使當天開工的前兩臺車，可以在當天交車。透過訓練，能夠保持在統一的作業步驟中完成作業，透過生產線消除滯留，從而穩定了從開工到結束的物流時間，確保了客戶交車的準確時間。

如果用黃色表示小損傷線工點陣圖，用綠色表示快修工位，灰色為中大損傷工位，藍色為快修和大損工位。那麼小損線步驟為 53 分鐘，每天可以生產 9 臺；快修節拍為 2 小時，每天 4 臺。這樣，答覆客戶的交期，就可以精確到一小時之內。大損傷則用星期表來管理，答覆可以精確到每一天。生產線經過改善之後，效果非常好，鈑噴的效率也大幅度提高，準時交車率也達到 98.2%。該公司還利用改善手冊培訓線上課程，並對經銷商進行改善，跟進效果。廣汽豐田汽車有限公司在定點設立模範店，然後由模範店向所有門市進行推廣，最終提升鈑噴的整體服務水準。

♦一般業務的改善

廣汽豐田汽車有限公司售後服務部，設有專門的改善部門。透過改善活動，培養銷售門市自主改善的分析活動能力。在改善過程中透過到店指導，對各個銷售門市進行全員培訓，其中包括標準流程培訓、操作流程培訓和各職位操作培訓等。改善辦公室還製作服務業務改善手冊和線上課程講座，以指導銷售門市開展改善工作，提高工作效率。如廣汽豐田汽車有限公司某門市經過持續改善以後，預約率從 41% 開始穩步提升，一直上升到 61%。預約率是廣汽豐田汽車有限公司一直追求的目標。

♦零部件管理的改善

藉由運用 QC（Quality Control，品質控制）手法，透過現場對現狀進行掌握，針對管理看板填寫不全面的問題，依據該門市客戶回訪資訊分析，了解到客戶大多抱怨，等待維修的時間過長。為此，其利用 QC 手法進行了一系列的改善，如對零部件進行預約分析，將維修車輛單獨設定工位，以時間為軸，根據入店時間進行移動管理，如果於次日到店，就在當晚核實資訊，準確了解到店時間後，就可以將零部件銷售，移至當日的預約工位中，進行統一的管理。

◆完善標準化流程

此公司還對改善後的流程進行標準化管理，同時實施日常考核，使得標準流程更加完善。實踐證明，標準化的流程，也正是來源於這種不斷地改善。透過櫃檯月度的統計報告所顯示，定期保養數、預約來店數和預約率，都得到了大幅度的提升。並且，銷售門市團隊的合作意識也在明顯增強，而且解析能力、動手能力、QC運用、服務意識等方面，提升得非常快。

第九章
行銷實戰策略

要想透過行銷賺到更多的利潤，就必須掌握盡量多的行銷手法，做到隨機應變，選擇最合適的手法去行銷你的產品。

娛樂行銷：讓人感覺好看好玩才好賣

所謂娛樂行銷，就是指藉助娛樂活動，透過各種活動形式與消費者實現互動，將娛樂因素融入產品或服務中，從而促進產品或服務取得良好的市場表現。

「一切產業都是娛樂業。」這是美國著名管理學者斯科特·麥克凱恩（Scott McKain）的一句名言。

在廣告的邊際效應日漸下降、市場競爭越來越激烈的情況下，娛樂行銷成為企業藉助時尚文化潮流進行行銷突圍的最有效武器之一。有人甚至這樣說：「19 世紀的行銷是想出來的，20 世紀的行銷是做出來的，21 世紀的行銷將是『玩』出來的。」

♦行銷為什麼要娛樂？

越來越多的行銷人員面對這樣的問題：產品和服務日益同質化，資訊和媒體的傳播不斷被碎片化，消費者開始對行銷資訊產生視覺疲勞和思維遲鈍。在這樣一個資訊高速傳播的網際網路時代，一個品牌到底使用什麼樣的行銷方式，才能夠永保青春？在社交媒體不斷發展的時代，當草根消費者可以在網際網路上任意發表評論，甚至開始對品牌採取娛樂化的方式傳播資訊的時候，品牌又如何與消費者進行溝通？娛樂行銷就是一個不錯的方式。

娛樂成就了很多偉大的公司，例如，蘋果 2011 年的收入是 1,082 億美元，相當於全球 105 個國家 GDP 的總和，而蘋果的本質是利用科技產品比如 Mac、iPhone、iPad 等讓人們可以更加便捷的娛樂；速食品牌麥當勞市值近 1,000 億美元，而其 CEO 創辦麥當勞的時候，就說「麥當勞不是餐飲業，而是娛樂業」，而吸引眾多家長帶小孩走進其餐廳的主要原因是麥當勞可以帶給小朋友歡樂；迪士尼如今已經發展成為年收入為 888 億美元的公司，而其業務雖然已經覆蓋了電影、電視、明星、英語、消費品、樂園等，但核心依然是在銷售娛樂。

不僅如此，娛樂還讓很多品牌保持活力的形象。百事可樂每年花很多行銷費來用娛樂的方式跟年輕人溝通，如音樂、街舞、網路遊戲、影視植入等；汽車品牌雪佛蘭在《變形金剛》中植入的大黃蜂形象讓很多消費者對雪佛蘭品牌印象深刻……斯科特·麥克凱恩在《每個企業都要表演！：贏得顧客與員工滿堂采的最佳策略》（*All Business is Show Business*）一書中指出「未來，所有的產業都將是娛樂業」，市場就是一個舞臺，每個品牌要學會秀出自己，而未來也將是娛樂行銷昇華品牌的時代。

伴隨著娛樂產業的發展，娛樂行銷「高歌猛進」，但是，並不是所有的企業都知道如何去進行娛樂行銷，以及如何讓品牌變得具有娛樂性。從總體環境上來看，消費者已經很會娛樂了，但是很多品牌卻很嚴肅，大部分的品牌不敢娛樂，這種心態會導致品牌沒有個性，不能帶給消費者新鮮感，甚至很多品牌都不敢讓消費者談論，如不敢面對消費者在網路上的評論。雖然有很多品牌開始嘗試娛樂行銷，但僅是搭順風車的思路，比如，把某個品牌嫁接在某一個活動上，希望能夠藉此提高影響力，這樣純粹事件性行銷的做法很難讓企業品牌真正與消費者產生共鳴。

♦如何讓你的品牌娛樂起來？

娛樂行銷到底是怎麼一回事呢？有的企業認為，明星代言就是娛樂行銷；有的企業則認為，惡搞是娛樂行銷。這些答案都過於狹窄，讓品牌無法利用娛樂本身持續為品牌塑造時尚、潮流和個性。娛樂行銷的準確定義，應該是把娛樂元素或形式與產品生動地結合起來，讓消費者在娛樂的體驗中，對企業以及產品或服務產生好感或聯想，從而感化和觸動消費者的心靈，以達到商品軟性銷售的行銷策略，因此，娛樂行銷的本質是建立在與消費者之間的感性關係上。

如何真正讓品牌與娛樂平臺進行良好銜接呢？品牌一定要能夠製造可供消費者娛樂的內容，這就如同明星的話題一樣，品牌必須不斷有新鮮的話題，這些話題要足夠有趣，要有幽默感，並且品牌還要提供給消費者鑑賞、投票、評論、塗鴉、個性創作的機會，加深行銷活動印象，同時讓品牌不斷地累積粉絲，並透過粉絲建立品牌社群。

品牌娛樂傳播的方式簡單來說，有以下幾種：

1. 品牌動漫傳播

品牌動漫傳播是將以品牌關鍵資訊為核心元素，創造有劇情的動漫作品並讓動漫作品帶動品牌認知的一種傳播方式。

2. 事件娛樂傳播

事件娛樂傳播是品牌透過製造一些引起話題的事件行為，從而達到品牌資訊傳播目的。常見的事件娛樂傳播方式有兩種，一是企業製造一些有噱頭的市場或者活動行為，吸引社會關注從而達到品牌傳播目的，如各品牌的「路跑運動」。

3. 企業領導者娛樂傳播

企業領導者娛樂傳播是指企業領導人透過自身的某些社會行為，吸引公眾關注，達到傳播品牌資訊目的的一種傳播方式。

4. 病毒式娛樂傳播

病毒式娛樂傳播指的是企業透過製造容易引起公眾興趣的傳播內容，從而實現公眾自發性傳播的品牌傳播方式。

5. 明星代言娛樂傳播

明星代言是一種最為常規的娛樂傳播方式。商業品牌透過請明星代言，借用明星身上的影響力與注意力來推廣品牌資訊。

6. 電影電視植入式娛樂傳播

電影電視植入式傳播，也是一種比較常見的娛樂傳播方式。電影中的廣告植入，在有些電影中，廣告甚至成了電影情節的回味點之一。

總之，娛樂行銷是市場潮流方向之一，無娛樂不行銷，越娛樂越暢銷。在開始行銷之前，問一下自己，你的產品、你的行銷方式足夠娛樂嗎？

事件行銷：誰有話題，誰就能獲得注意力

從本質上說，事件行銷就是把企業想要傳播的廣告訴求，植入經過策劃的事件之中，利用具有名人效應、新聞價值、社會影響力的人物或事件，引起媒體的自發報導，吸引社會和消費大眾的廣泛關注，從而達到提高企業和產品的知名度、美譽度的廣告傳播目的，以利於樹立良好的品牌形象，促成產品或服務的銷售。誰能夠贏得注意力，誰就獲得了先機。事件行銷之所以在國內外十分流行，就是因為這種市場推廣公關傳播的手段，可謂集廣告效應、新聞效應、形象傳播、公共關係、客戶關係於一體，為新產品的推介和品牌的展示創造了機會，從而迅速建立品牌定位和品牌辨識，快速提升品牌知名度與美譽度。網際網路的飛速發展，為事件行銷帶來巨大的契機。企業可以透過網路，在製造事件行銷中掌握話題，就可以更加輕鬆地贏得注意力。引起社會和大眾的關注，關於事件的話題就會廣為傳播，從而達到廣告的效果。

♦掌握事件行銷的特性

事件行銷最重要的一個特性就是利用非常完善的現有新聞工具，來達到廣告傳播的目的。而新聞的傳播有其非常嚴格的規律，當一種事件發生後，事件本身所具備的新聞價值，已經決定能否以話題的形式，在一定的人群中進行傳播。只要具備的新聞價值足夠大，那麼就一定能夠被新聞媒體發現，之後就會以新聞的形式向公眾釋出。而新聞媒體本身有完整的操作流程，任何媒體都有專門搜尋新聞的專業人員，只要事件具備了新聞價值，就具有成為新聞的潛在能量，透過適當的途徑，釋放出來。

由於所有的新聞製作過程都是免費的，並沒有利益傾向，所以從嚴格意義上講，事件行銷應該歸為企業的公關行為，而並非廣告行為。製作新聞本身並不需要投資，雖然絕大多數企業，在進行這種公關活動時，也會列出媒體預算，但一件新聞意義足夠大的公關事件，就是應該引起新聞媒體的廣泛關注，產生採訪欲望。

♦事件行銷明確的目地性與風險性

企業營造事件行銷，首先應該有明確的目的性，這與廣告的目的性是完全一致的。確定了行銷的目的，然後再策劃新聞，才能使新聞的接受者幫助實現行銷的目的。新聞媒體早已實現非常精確的細分化，所以某個領域的新聞，只有特定的媒體才會有興趣進行報導，而這種媒體的受眾讀者也是相對固定的。事件行銷的風險，一般是來自於媒體的不可控制性，也來自於新聞的接受者對新聞的理解程度。有些公司雖然在事件行銷中，擴大了企業的知名度，但是如果市民得知了事情的真相，可能反而會產生反感情緒，從而傷害到公司的利益。

♦掌握話題才能贏得注意力

在事件行銷中，企業只有從消費者關心的事情入手，並且主動掌握話題，這樣的行銷策略才能真正打動更多的消費者，從而實現企業的行銷目標。那麼，如何才能更好地贏得話題的主動權呢？可以從以下幾方面入手。

1. 借勢發揮

所謂借勢發揮，是指企業在事件行銷中，能夠及時地抓住廣受關注的社會新聞、重大事件以及名人、明星效應等，結合企業和產品品牌，掌握話題傳播，為達到目的而展開的一系列相關活動。

2. 明星策略

美國社會心理學家、人格理論家和比較心理學家馬斯洛，根據他所分析的人的心理需求學說，當購買者不再把價格、品質因素當作購買的顧慮時，就可以利用明星的知名度，來營造事件、掌握話語權，從而加重產品的附加價值。透過此舉，也可以培養消費者對該產品的感情和聯想，從而贏得消費者對產品的關注和追捧。

3. 體育策略

藉助贊助體育活動、為體育賽事冠名等方式掌握話題，來推廣企業、產品及品牌。由於體育活動被越來越多的人所關注，大量的社會群眾參與其中，因而成為企業品牌最好的廣告載體。體育活動的背後蘊藏著無限的商機，具有人流量大、傳播面廣和針對性強等特點。這個現象早已被很多企業所認知，紛紛投入其間。

4. 新聞策略

企業也可以充分利用社會上那些有價值、影響面廣的新聞話題，不失時機地與自己的品牌連繫在一起，借力發力，就會達到非同尋常的傳播效果。

5. 輿論策略

企業主動與相關媒體進行合作，以企業的產品或服務為話題，大量發表宣傳介紹的文章，很多企業都非常重視這種以企業為話題的文章威力，這類宣傳文章，如今已經非常普遍地出現在各種媒體上。

6. 活動策略

為了推廣自己的產品，企業策劃一系列的話題宣傳活動，吸引消費者和媒體的目光，達到傳播企業產品及服務的目的。如 1980 年代中期的麥可傑克森（Michael Jackson），1990 年代的珍娜傑克森（Janet Jackson），還有拉丁王子瑞奇馬汀（Ricky Martin），以及香港地區的郭富城等人，百事可樂以「巡迴音樂演唱會」為話題，將這種輸送通道與目標消費者進行成功的對話，用的是音樂而不是廣告，傳達了百事文化和百事行銷的理念。在美國，「新一代的美國人」這個話題，成為消費者中廣為傳揚的流行語。

7. 概念策略

企業為產品或服務，創造一種新話題、新理念，新潮流，就像全世界都知道，第一個造出飛機的是萊特兄弟，那麼第二位呢？這就是新話題。有位企業家曾經提出：「理論市場與產品市場同時啟動，首先推廣一種觀念，有了這種觀念，市場就會慢慢做好。」

明星行銷：媒體時代的行銷利器

瑞芭·麥肯泰爾（Reba McEntire）到底值多少錢？麥可喬丹呢？還有劉德華，張惠妹……並不是問他們擁有多少個人財產，而是那些世人皆知的面孔和名聲，對於所代言的那些品牌來說，到底能有多大的價值？企業越來越講求行銷責任，期待每筆投資都能有較高的回報。那麼如何才能準確衡量名人對消費者的吸引力大小呢？當然，客戶的忠誠度指數和廣告追蹤研究，可以讓企業大概了解明星行銷的有效程度，但是許多行銷人員，卻並不能把明星效應和行銷業績連繫起來。很多大企業大公司依然不惜重金，邀請名人為其產品和服務造勢，甚至曾經迴避代言的妮可基嫚、勞勃狄尼洛、布萊德彼特等廣受矚目的名人，也紛紛加入廣告行列。行銷評估公司總裁史蒂芬·李維特（Steven Levitt）說：「如今我們正在見證利益的爆炸。」這個評估公司，就是為企業的行銷人員和廣告專業人員，提供民意調查的服務，用來衡量明星的知名度及吸引力。

♦根據直覺選擇明星

要想在嘈雜的資訊環境中脫穎而出，從而吸引更多消費者的注意，有許多公司仍然靠直覺去選擇代言人，雖然這種老式的方法看上去並不可靠。如在 Priceline.com 網站選擇代言人時，根本沒做什麼調查，市場首席執行長布里特．凱勒（Brett Keller）說：「我們考慮了好幾個月，後來第一人選圈定在沙特納（William Shatner）身上。」在幾個月的商談之後，沙特納於 1998 年與 Priceline 簽訂了合約。為了推廣「人類之家」活動，惠而浦為在美國建立的每個「人類之家」，都捐贈一臺冰箱、一臺火爐。惠而浦公司為了尋找價值相符的代言明星，曾與法國廣告代理公司 Publicis Group（陽獅集團）合作。但是惠而浦品牌行銷總監傑夫．戴維德夫坦言，在與瑞芭．麥肯泰爾簽約之前，他們並沒有做常規的目標受眾調查。戴維德夫說：「感覺選擇應該是對的，我們之前並不知道效果會不錯，只是出於一種信念做了一次嘗試。」

♦利用網路選擇明星

一些企業利用線上調查、電子投票、目標受眾等各種手段，試圖更加系統化地選擇名人，更深入地研究名人與客戶之間的關係，以便準確找到與品牌相符的合適人選，從而盡可能縮短嘗試的過程。如 TD Waterhouse 公司（TD Waterhouse Canada Inc.，道明沃特豪斯加拿大金融服務公司）期望能夠為客戶注入信心，決定選擇一個代言人。為了找到合適的人選，這個公司新上任的市場首席執行長詹妮特·霍金斯（Janet Hawkins），與廣告代理 Cossette Post 公司（Cossette, Inc.）進行合作，列出 50 多位明星，然後再透過測評及內部商討，將這個名單縮到 10 人左右。

但是明星受歡迎的指數，並不足以反映關鍵的品牌特徵，包括忠誠度、可信賴度以及可靠性等方面的因素，於是 TD Waterhouse 公司又與里斯互動公司合作，開始線上市場調查，在網路上進行篩選。這樣能夠讓參與者提供更為詳細、也更成熟的想法，而且還能提供額外資訊。因為有些名人可能受人喜愛的分數很高，但是在開放式評論中會發現，這位名人在有些人眼中非常極端化。

曾在美國莎莉品牌服裝集團、內衣百年旗艦品牌——恆適公司（Hanesbrands Inc.），在決定選用麥可喬丹為代言人時，也採用了網路工具，在 500 多個客戶中篩選符合條件的參與者，將他們抽成恆適客戶和非恆適客戶。然後讓參與者看某些名人的照片和姓名，要求按照一定的標準來為他們評級，如是否具有獨特的風格和親和力等，這樣得到的結果，會更有效。因為企業非常明確需要尋找具有什麼樣的特性明星，而主要反映知名度和受喜愛的程度，不能像品牌要求得那樣深入。相比之下，線上調查提供的資訊，具有更長遠的好處。

♦專題小組選擇明星

液態乳加工業者推廣協定會，有一句無所不在的廣告詞——您喝牛奶了嗎？之所以會那樣的引人注目，就是因為其廣告中出現一系列的名人。為了考察、發現潛在名人的創意，這個推廣協定會還在網路中建立線上青少年諮商理事會，蒐集對現有廣告的回饋意見。由於這種線上形式能夠不間斷地提供回饋，在芝加哥代替了與目標受眾面對面的測評形式。但是這種網路調查的方法，並不能完全代替現場專題小組面對面的調查，因為後者可以更好地感受消費者與潛在代言人的情感連繫。

如恆適公司從網路調查中，精挑細選了幾位名人，將候選名人製作成實體模型廣告放在品牌背景下，先向一個小組消費者進行展示，再詢問他們是否認得出這些名人？是不是相信這些名人會穿恆適品牌的服裝？廣告中的場景是否可信？透過這個過程幫助選擇，確定哪一種場景最能展現明星的個性，最終選擇的是瑪麗莎·托梅（Marisa Tomei）、馬修·派瑞（Matthew Perry）和戴蒙·維恩斯（Damon Wayans Jr.）。

♦明星行銷的原則

要為品牌選擇相配的明星，一切都應該符合條理。在選用明星之前，首先確定品牌要傳達何種特性。如果先挑選明星、再確定品牌資訊，就可能會無功而返，不會有任何作用。而且無論採用何種方式進行衡量，企業都會強調，不能過分依賴這種名人效應。因為擁有鼎鼎大名的名人，未必就能轉換成大幅提高的業績。如烏瑪舒曼（Uma Thurman）的名氣很大，但是在廣告效應中並不理想，人們說她太有雄心壯志，反而很難實現目標。

♦明星行銷的風險

明星行銷最大的風險，就是明星本人。即使最徹底的背景調查，也可能會錯過某個隱藏的祕密或某些個性特徵，而這些隱藏的東西，可能會在未來某種惡劣的行徑中展現出來。有人稱之為「柯比效應」，柯比（Kobe Bryant）一直都擁有良好的形象，為多個廣告代言。在 2003 年，柯比被指控性騷擾，引發官司糾紛，這一醜聞出現後，柯比名聲幾乎毀於一旦，人氣下滑得比 O.J. 辛普森（Orenthal James Simpson）還快。

但醜聞或不幸並不是都會玷汙明星的光彩。如破產的美國億萬富翁川普，並沒有降低名氣；瑪莎 · 史都華（Martha

Stewart）的名氣，也沒有因為被監禁而受到太多影響。即便如此，與這些明星合作的公司，總是受到影響。儘管廣告公司總是努力確保合約的嚴密性，力求包含所有的可能性，但很難避免發生一些意料不到的事。傅利曼（Milton Friedman）說：「有時候你會引發爭議，而你必須從工作出發去考慮。」

恆適選用出演連續劇《六人行》的馬修·派瑞，因為他非常受觀眾的歡迎，知名度很高。但是他的酗酒惡習與濫用處方藥品被曝光後，也讓恆適苦不堪言。企業必須認知到，你不可能控制人的行為，選擇名人代言，就相當於一次冒險。

電子書購買

爽讀 APP

國家圖書館出版品預行編目資料

突破市場疆界，精準掌握行銷趨勢：如何在市場中製造話題和引領趨勢，點亮賣點，吸引消費者目光 / 吳文輝 著 . -- 第一版 . -- 臺北市：財經錢線文化事業有限公司 , 2024.05
面； 公分
POD 版
ISBN 978-957-680-878-4(平裝)
1.CST: 行銷學 2.CST: 品牌行銷 3.CST: 行銷策略
496 113005353

突破市場疆界，精準掌握行銷趨勢：如何在市場中製造話題和引領趨勢，點亮賣點，吸引消費者目光

臉書

作　　者：吳文輝
發 行 人：黃振庭
出 版 者：財經錢線文化事業有限公司
發 行 者：財經錢線文化事業有限公司
E-mail：sonbookservice@gmail.com
粉 絲 頁：https://www.facebook.com/sonbookss/
網　　址：https://sonbook.net/
地　　址：台北市中正區重慶南路一段六十一號八樓 815 室
Rm. 815, 8F., No.61, Sec. 1, Chongqing S. Rd., Zhongzheng Dist., Taipei City 100, Taiwan
電　　話：(02) 2370-3310　　　傳　　真：(02) 2388-1990
印　　刷：京峯數位服務有限公司
律師顧問：廣華律師事務所 張珮琦律師

定　　價：350 元
發行日期：2024 年 05 月第一版
◎本書以 POD 印製
Design Assets from Freepik.com